放射性废物管理立法研究丛书

国外放射性废物管理

刘新华　主编

生态环境部核与辐射安全中心

中国环境出版集团·北京

图书在版编目（CIP）数据

国外放射性废物管理/刘新华主编 . —北京：中国环境出版
集团，2020.12
（放射性废物管理立法研究丛书）
ISBN 978-7-5111-4479-9

Ⅰ. ①国… Ⅱ. ①刘… Ⅲ. ①放射性废物—废物管理—
研究—国外 Ⅳ. ①TL94

中国版本图书馆 CIP 数据核字（2020）第 205342 号

出 版 人 武德凯
责任编辑 董蓓蓓
责任校对 任 丽
封面设计 宋 瑞

出版发行 中国环境出版集团
（100062 北京市东城区广渠门内大街 16 号）
网 址：http://www.cesp.com.cn
电子邮箱：bjgl@cesp.com.cn
联系电话：010-67112765（编辑管理部）
发行热线：010-67125803，010-67113405（传真）
印 刷 北京中科印刷有限公司
经 销 各地新华书店
版 次 2020 年 12 月第 1 版
印 次 2020 年 12 月第 1 次印刷
开 本 787×1092 1/16
印 张 10.5
字 数 160 千字
定 价 50.00 元

中国环境出版集团郑重承诺：
中国环境出版集团合作的印刷单位、材料单位均具有中国环境标志产品认证。

编委会

主　编

刘新华

副主编

魏方欣　雷　强

编著人员

雷　强　王春丽　祝兆文　张　宇　魏方欣

李小龙　刘　敏　徐春艳

> 放射性废物管理立法研究丛书

序

　　我国放射性废物管理工作与核工业相伴而生，随着核能与核技术利用的发展而不断壮大。经过五十多年的努力，老旧核设施退役与废物处理取得了较大进展，初步形成了与之相匹配的处理处置能力；高放废物地质处置地下实验室正在建设，研究工作正在稳步推进；核电厂废物处理设施健全，实现了"三同时"。

　　习近平总书记强调，"老旧核设施、历史遗留放射性废物等风险不容忽视"。我国放射性废物管理面临安全风险不断加大的严峻挑战，安全管理压力不断增加。我国早期建设的核设施已逐渐进入退役高峰期，不仅已积存大量低、中放遗留废物，而且其退役还会产生更大量的放射性废物。中放废物处理和中等深度处置尚处于概念阶段，亟待加强管理并实现安全处置。核电低放废物处置场落地困难，核电废物处置去向悬而未决。部分核电厂固体废物超出其贮存寿期和暂存库设计容量，借助其他新建核电厂的废物库暂存，暂存风险与日俱增。核技术利用发展迅速，产生大量废放射源等核技术利用废物。废放射源由于整备和处置路线未定而大量积存。这些问题与核能和核技术发展需求严重不适应，更造成较大安全潜在风险。

　　自 2016 年以来，在潘自强、柴之芳等院士的组织和支持下，依托中国工程院重点咨询项目和中国科学院学部评议项目，生态环境部核与辐射安全中心牵头的研究团队承担了放射性废物管理法律法规体系研究和放射性废物环境安全问题及对策研究工作，从体制机制和长期安全角度，对国内外放射性废物管理的现状与问题进行了系统梳理和分析，提出专门法律的缺失是放射性废物管理严重滞后于核能发展、处置问题难以解决且愈加突出的关键因素。起草的《关于尽快制定〈放射性废物管理法〉的建议》《关于完善我国放射性废物处置组织机构体系的建议》等多份院士建议，得到国家领导和相关部委领导高度重视，

领导批示要求研究落实放射性废物管理立法工作。在上述研究和建议的推动下，国家相关部委和核工业界对制定放射性废物管理专门法律形成共识。

（1）放射性废物管理的复杂性、系统性、长期性需要专门立法。放射性废物从产生、处理、贮存，到处置及处置后的长期监护，涉及环节多、周期长、管理层级繁杂、系统性强。我国放射性废物来自早期核工业、核能、核技术利用和矿产资源开发利用等多个重要领域，范围广、数量大，具有巨大的长期潜在危害。放射性废物若管理不善，将对生态环境产生难以估量的严重损害，造成资源的重大损失，并危及社会稳定。因此，有必要制定放射性废物管理法，构建系统、完善、专门的责任与规范体系，防范长期安全风险，推动放射性废物管理与核能事业同步发展，维护国家长久安全。

（2）专门立法有助于明确放射性废物管理基本原则。放射性废物的潜在危害可持续几百年到上万年，甚至百万年，保护后代、不给未来人类造成不适当负担是国际原子能机构放射性废物管理的基本原则之一。同时，放射性废物管理涉及中央政府、地方政府、废物产生单位和处理处置单位等，只有明确界定各自责任，才能保证放射性废物及时安全处理处置。只有制定放射性废物管理法，才可以充分确立放射性废物管理代际公平和责任划分等基本原则。

（3）专门立法有利于建立和完善放射性废物管理基础性制度。放射性废物管理资金涉及核设施退役基金的提取，固体废物处置收费办法，处置设施建设、运行资金及关闭后长期监护基金管理，环境补偿机制等。责任主体众多，涉及政府，废物产生单位、处理单位和处置单位；时间周期长，涉及当代和未来。放射性废物管理资金管理体系复杂，需要通过放射性废物管理法建立。

（4）专门立法是完善核与辐射领域法律体系，切实保证依法、高效、合理管理放射性废物的需要。现行《核安全法》《放射性污染防治法》和正在征求意见的《原子能法》，从总体核安全、放射性污染防治和核领域综合性管理的角度对放射性废物做出了原则性规定，但基于其定位、功能和性质，不能对放射性废物全寿期、全要素、全流程的复杂问题进行系统、完整、具体的规范。从国际上看，有核国家均有放射性废物管理的法律。法国是世界上核领域法律体系最完善的国家，实现了能源自主、安全、独立，电价稳定和环境安全。因此，我国亟待制定放射性废物管理法，进一步完善核领域法律体系。

（5）专门立法是确保国家安全的需要。我国放射性废物当前主要来源于早期核工业，退役缓慢，存在厂房外环境污染，潜在安全风险极大。当前我国在建核电机组居世界第一，核电和后处理产生的中低放和高放废物不断增加。核技术和放射性同位素应用将产生大量放射性废物。铀矿和稀土等矿产资源开发范围广、数量大，存在潜在危害。放射性废物如何有效管理已成为全社会普遍关注的重大问题，若处理处置不当，将危及国家安全。目前，对放射性废物的处理处置，国务院有关部门、地方人民政府和相关企业意见不统一，甚至存在矛盾冲突，亟待制定放射性废物管理法，有效管理放射性废物，解决上述问题，消除国家安全隐患。

（6）专门立法是提升我国核实力的需要。经过多年发展，我国放射性废物管理工作取得了一定成绩，但总体进展缓慢、整体技术水平较低，成为核能发展中的"卡脖子"问题。放射性废物处理处置技术复杂、政策性强，需要社会参与和专业化公司运营，应充分利用社会资源，发挥专业技术优势，促进技术创新和事业发展，以进一步提高放射性废物管理的安全水平和技术能力。我国应制定放射性废物管理法，完善体制机制，以创新驱动发展，推动突破、掌握核心技术，进一步提升国家核实力。

（7）专门立法是国际履约和促进国际合作的需要。十届全国人大常委会第二十一次会议批准加入《乏燃料管理安全和放射性废物管理安全联合公约》，我国成为该公约的缔约国。制定放射性废物管理法是公约对缔约国的要求，我国政府已经做出承诺。制定放射性废物管理法，履行国际承诺，有利于树立我国负责任核大国形象，也有利于促进国际交流与合作，更有利于国内放射性废物管理水平的持续提升。

2019 年 3 月，生态环境部核与辐射安全中心设立放射性废物管理立法研究课题，全面开展放射性废物管理立法论证和相关制度设计的研究工作，推动放射性废物管理法纳入全国人大立法计划。立法研究课题组依托院士和业内资深专家，组织开展放射性废物管理立法调研，起草放射性废物管理法草案，并联合中国核电发展中心、海军研究院、中国核电工程有限公司、中核清原公司、中国辐射防护研究院、大亚湾核电环保有限公司等单位专家，对立法必要性和可行性、与现有法律的关系、责任划分、低放废物处置、资金支持等 40 多个专题开展论证研究，形成 40 多份研究报告。课题组编制完成的《放射性废物管理现状调研报告》获得中国科协 2019 年"全国十佳调研报告"称号，《关于尽快制定〈放射性废物管理法〉的建议》获国家领导批示并要求开展立法工作，得到生态环境部、国防科工局、国家能源局等相关部门的支持，推动放射性废物管理立法向前迈出坚实一步。公众也希望有一部规范放射性废物管理行为的法律尽快出台，十三届全国人大二次会议和三次会议均有多个议案建议制定放射性废物管理专门法律。制定放射性废物管理法已具备广泛社会基础。

习近平总书记强调，只有实行最严格的制度、最严密的法治，才能为生态文明建设提供可靠保障。因此，应通过制定放射性废物管理法对放射性废物全寿期、全要素、全流程

的复杂问题做出系统、完整、具体的规范。

（1）明确处置责任划分。明确省级地方政府为核电低放废物处置的责任主体，具体负责处置设施的选址和长期监护；核电企业承担废物处置所需的所有费用；建立问责机制，推进低放废物区域处置场和集中处置场建设，加快解决核电废物处置难题。

（2）建立和完善放射性废物管理组织机构。在国务院现有机构框架下，组建放射性废物管理执行机构，统一负责全国放射性废物管理的顶层设计和统筹规划，组织实施高放废物和中放废物的地质处置。

（3）编制并实施国家放射性废物管理计划。明确放射性废物管理计划的编制主体和程序，建立计划实施的评估机制。

（4）完善放射性废物管理资金保障制度。明确资金来源、管理主体、使用范围和方法等，为放射性废物管理研发，处置设施选址、建造、运行、关闭和关闭后监护以及跨区域补偿等提供资金保障。

（5）建立公众参与机制。建立完善的沟通协商机制和信息公开制度，保障放射性废物处置设施选址、建造、运行，特别是长期监护中的公众知情权，增强公众信心，妥善引导公众合理表达诉求。

为更好地推动放射性废物管理立法工作，课题组联合中国核电发展中心、海军研究院、中国原子能科学研究院、中核战略规划研究总院和深圳中广核工程设计有限公司等单位专家编制了"放射性废物管理立法研究丛书"。丛书内容包括国外放射性废物管理法律概述、国内放射性废物管理、国外放射性废物管理、国外放射性废物管理组织机构、放射性废物处理处置技术等方面，为放射性废物管理立法论证和相关制度设计提供全面技术支持。

在放射性废物管理立法研究和丛书编著过程中，得到生态环境部核与辐射安全中心放射性废物管理立法论证研究项目、北京世创核安全基金会、核设施退役及放射性废物治理科研项目"低中放废物处置法规标准体系和管理机制研究"的支持，以及潘自强院士、胡思得院士、柴之芳院士、赵成昆、杨朝飞、翟勇、刘森林、曲志敏、赵永康、赵永明、林森、杨永平、吴恒等专家的指导、支持和帮助。值此，对上述领导和专家表示衷心感谢和崇高敬意。

限于我们知识水平，难免存在不妥之处，望读者批评指正。

刘新华

2020 年 11 月

前　言

　　安全妥善处置放射性废物是核能可持续发展的必由之路。作为与核事故并列的核电发展两大制约因素之一，放射性废物受到社会和公众的广泛关注。《放射性废物安全管理条例》第四条要求，"放射性废物的安全管理，应当坚持减量化、无害化和妥善处置、永久安全的原则。"放射性废物来源众多且复杂、所含放射性核素种类达几百种、活度水平从几贝可每克的解控水平到 10^{14}Bq/g 以上的高放废物水平，同时部分放射性核素半衰期达上万年，甚至几百万年之久，其放射性危害将持续上万年。如何对如此复杂多样的放射性废物进行妥善处置，并确保其长期安全是放射性废物处置相关研究中的重点和难点。从国际范围来看，一方面，需要在国家层次建立持续性的放射性废物处置政策、规划和完善的法规标准体系，美国、法国和西班牙等国家都制定了放射性废物处置政策法或国家规划，并定期更新；另一方面，应从技术上全面、系统地研究多屏障处置系统安全性能在长时间尺度上的可靠性。

　　放射性废物处置，特别是高放废物地质处置是集放射化学、核化学、地球化学、岩石力学、矿物学、微生物、辐射防护、地质工程等多学科的综合性系统工程，相关研究工作存在不同角度和侧重点。然

而，放射性废物处置工程本质上是安全工程，其最终目标是确保放射性废物的长期安全，因此，需要从系统整体安全角度规划放射性废物处置研发工作，以推进对放射性废物处置长期安全的科学认识和处置安全的可接受性。

本书正文部分共 7 章，主要内容为：

第 1 章 概述，包括放射性废物处置涉及的各方面及其管理意义阐述；

第 2 章 放射性废物及其辐射安全问题，包括放射性废物的来源、特征、辐射风险以及解决放射性废物的辐射安全问题的途径分析；

第 3 章 美国放射性废物管理，包括管理体系、法律法规、管理政策、管理实践、资金管理、军工放射性废物管理以及对我国放射性废物管理的启示与借鉴；

第 4 章 法国放射性废物管理，包括管理体系、法律法规、管理政策、管理实践、资金保障、军工放射性废物管理以及对我国放射性废物管理的启示与借鉴；

第 5 章 英国放射性废物管理，包括管理体系、法律法规、管理政策、管理实践、资金保障以及对我国放射性废物管理的启示与借鉴；

第 6 章 俄罗斯放射性废物管理，包括管理体系、法律法规、管理政策、管理实践、资金保障以及对我国放射性废物管理的启示与借鉴；

第 7 章 结论与建议，包括国外放射性废物管理经验总结以及加强我国放射性废物管理的对策与建议。

本书第 1 章由李小龙、雷强编写，第 2 章由魏方欣、王春丽编写，第 3 章由王春丽、张宇编写，第 4 章由雷强、魏方欣编写，第 5 章由张宇、祝兆文编写，第 6 章由雷强、徐春艳编写，第 7 章由魏方欣、刘敏编写。全书由魏方欣、雷强校核，刘新华审稿。

在本书的编制过程中，丛书编写组的其他同志提出了许多宝贵的意见，谨向他们表示感谢。

本书可供从事放射性废物管理、环境影响评价、核法律等领域的研究、设计和审评人员参考，也可作为大专院校相关专业的教材。

因编写时间仓促、编纂水平有限，部分资料在收集过程中难免有所疏漏，望广大读者批评指正并提出宝贵意见。

编　者

2020 年 11 月

目 录

第 1 章 ◇

概

述

核能与核技术利用的发展不可避免地产生放射性废物。放射性废物对环境安全的影响自核能发展之初就受到国际社会和公众的广泛关注，邻避现象频发，已和核安全一起，成为影响核能可持续发展的两大关键因素。切尔诺贝利和日本福岛核事故后，当地区域生态环境的演化也向人们展示了放射性对环境安全的巨大影响。放射性废物含有大量放射性核素，对环境安全具有重要影响，其典型特征是持续时间长，可达万年量级，且不可逆，只能采用包容、隔离和阻滞等处置方法使其中的放射性核素无法进入人类可接近的环境，直至衰变到可接受的安全水平。因此，放射性废物的环境安全问题本质上是处置问题。

放射性废物管理以安全为目标，以处置为核心。处置是放射性废物的最终归宿，也是废物分类管理的出发点。由于放射性废物来源复杂、所含放射性核素多样，分类贯穿于放射性废物管理的始终。放射性废物分类也是各国放射性废物管理政策中的核心内容。但是放射性废物分类理念也在不断发展变化，从最初关注操作人员的辐射防护到 2009 年国际原子能机构（IAEA）发布了基于处置长期安全的放射性废物分类体系。目前，在国际范围内已对基于处置长期安全的放射性废物分类体系形成共识。在基于处置长期安全的放射性废物分类体系中，放射性废物分为极短寿命放射性废物、极低水平放射性废物（以下简称"极低放废物"）、低水平放射性废物（以下简称"低放废物"）、中水平放射性废物（以下简称"中放废物"）和高水平放射性废物（以下简称"高放废物"）五类，分别对应于贮存衰变后解控、填埋处置、近地表处置、中等深度处置和深地质处置等处置方式。国际原子能机构针对各类处置设施的管理与监管体系，设施选址、设计、建造、关闭和关闭后安全，以及安全评价和安全全过程系统分析等，制定了专门的安全要求与安全导则，作为各国制定放射性废物处置相关政策与法规标准的重要参考。

放射性废物处置是乏燃料管理安全和放射性废物管理安全的重要内容。国际原子能机构于 1997 年通过的《乏燃料管理安全和放射性废物管理安全联合公约》（以下简称《联合公约》），要求缔约方建立并维持一套控制乏燃料和放射性废物管理安全的法律法规体系，通过加强本国措施和国际合作，包括与安全有关的技术合作，在世界范围内达到和维持对放射性废物的高水平安全管理。《联合公约》要求缔约国每 3 年提交履约报告，描述履行公约义务所采取的措施，包括制定的放射性废物管理政策、立法与监管体系、安全要求以及相关管理实践等内容，同时接受其他缔约国的审查。我国于 2006 年正式加入《联合公约》，放射性废物的安全管理受到《联合公约》约束。目前，我国已完成第 7 次国家履约报告的编制和审查。

随着人们对放射性废物安全特性认识的深入，与其他工业有毒有害废物相比，放射性废物受到更大关注。国际原子能机构于 1995 年发布的《放射性废物管理原则》（SS-111-F），提出保护后代、不给后代造成不当负担等 9 条管理原则。2006 年，国际原子能机构联合世界卫生组织、欧洲原子能委员会、联合国粮农组织、联合国环境规划署等多个国际组织发布《安全基本原则》（SF-1），着重提出：鉴于放射性废物管理可能跨越世世代代，必须考虑许可证持有者和监管者对现有的和今后可能出现的责任履行问题，还必须就责任的连续性及长期提供资金做出规定，以及对放射性废物的管理必须避免给子孙后代造成不应有的负担；即产生废物的几代人必须为废物的长期管理寻求并采用安全、切实可行和环境上可接受的解决方案。国际原子能机构同时成立放射性废物安全标准顾问委员会（WASSAC），发布了一系列有关放射性废物管理的要求与导则，包括《放射性废物近地表处置》（WS-R-1）、《放射性废物地质处置》（WS-R-4）等。近年来，放射性废物处置安全研究取得新进展，经合组织核能机构（OECD/NEA）和国际原子能机构提出并发展了安全全过程系统分析的概念，国际原子能机构随之对放射性废物处置相关的安全标准进行了大范围修订，发布了《放射性废物处置要求》（SSR-5）、《放射性废物处置安全全过程系统分析与安全评价》（SSG-23）等一系列安全要求和导则。

综合来看，国际原子能机构针对放射性废物处置建立了较为完善的安全导则体系，美国、法国、日本、瑞典和芬兰等国家在极低放废物、低放废物、中放废物和高放废物处置实践与监管方面积累了成熟经验，并具有较为完备的法规标准体系。然而，还应看到目前放射性废物处置在政策、管理、技术和社会接受等方面都面临挑战：①虽然国际原子能机构制定的安全要求与导则具有国际共识，但其多为原则性要求，要转化为可行的法规标准，还应考虑各国放射性废物监管体系和具体需求。②废物源项复杂，统一管理存在困难：来源涉及领域多，包括核电厂，铀浓缩，后处理，铀矿冶，科研、工业、农业和医用等核技术利用，天然存在放射性物质（Naturally Occurring Radioactive Materials，NORM）等；核素种类多，有几十种，从低毒到高毒，并伴有化学毒性；活度水平从几贝可每克解控水平到 10^{14} Bq/g 以上的高放废物水平；废物体形式复杂，包括固化体、废金属设备、废放射源、乏燃料等；早期核武器研发和制造遗留废物源项未知；各国对中等深度处置源项的认识还存在较大差异等。③处置时间尺度极大，导致安全评价结果不确定性大：废物处置所需安全隔离时间尺度大，低放废物需要 300 年以上，高放废物则达万年以上。在极大时间尺度下对处置系统长期行为的预测存在较大不确定性，如何科学评价和提高评价结果可信度是

长期面临的难题。长期管理和监管面临困难，同时对财政支持依赖程度高。④邻避效应与代际公平问题突出：代际公平问题涉及社会伦理，对未来人类的保护存在政策、管理和技术上的困难。

我国在建和运行核电机组已达 56 个，居世界第三位，而且还在快速增长。截至 2016 年年底，核电机组运行产生的低放固体废物已积存 1.3 万 m^3，且以每年约 3 000 m^3 的速度递增。退役废物量通常为运行废物量的 3～5 倍。乏燃料年产生量近 1 000 t，到 2020 年总量将达到 1 万 t。军工设施遗留各类长寿命中放废物累计近万立方米，高放废液几千立方米，陆续退役还将产生更大量放射性废物。核技术利用发展迅速，国家废源库、军工废物库和各省（区、市）放射性废物暂存库已收贮废旧密封源约 20 万枚。据 2006—2009 年全国第一次污染源普查，天然放射性核素含量较高的工业固体废物 1.7 亿 t，其中属于放射性废物的为 703 万 t。截至 2017 年年底，西北处置场已经处置了约 1.4 万 m^3 低放军工废物，北龙处置场建成后未运营。我国核电厂放射性废物处置场缺失，中放废物处置未启动，高放废物处置场址未确定，天然放射性废物处置政策空白，放射性废物只能在设施或场址内暂存，环境潜在风险日益增大。

放射性废物处置存在诸多问题的主要原因在于法律法规不完善、体制机制不健全、技术研发能力不足和缺少专项资金支持等。结合我国放射性废物处置需求和国际经验，本研究提出完善放射性废物处置立法体系、加快制定天然放射性废物处置政策、设立放射性废物处置执行机构、建设中等深度处置设施，推进深地质处置研发和利用高放废物处置库长期贮存乏燃料等对策与建议，以解决放射性废物环境安全问题，推进放射性废物处置进展，保障环境安全与人员健康。

因此，进一步研究放射性废物处置的安全问题及其对策对推进我国放射性废物处置工作具有现实意义，从国际范围内来看也是必要的。

第 2 章 ◇

放射性废物及其辐射安全问题

2.1 放射性废物的来源

放射性废物，是指含有放射性核素或者被放射性核素污染，其放射性核素浓度或者比活度大于国家规定的清洁解控水平，预期不再使用的废弃物。它是核能利用不可避免的伴生物，是在核工业、核动力、核爆炸和核技术应用中产生的液态、气态和固态废物，通常含有裂变产物、活化产物、铀镭系和钍铀系天然放射性核素或超铀元素等多种放射性物质。

放射性废物的主要来源（产业链）包括：①地质勘探，铀矿开采，矿石选冶。②铀精制、转化，铀同位素分离和燃料元件制造。③核电站和其他大型反应堆的运行。④研究堆和其他研究设施的运行。⑤核燃料后处理厂的运行。⑥核设施退役和环境整治。⑦放射性同位素的生产。⑧放射性同位素和辐射技术的应用。⑨铀、钍伴生矿资源的采、选、冶活动等。其中，体积最大的放射性固体废物是铀矿废石和水冶尾矿，其次是核电站产生的中、低放固体废物；核燃料后处理厂产生的高放废液集中了主要的放射性活度，辐射水平高；核设施退役后产生了最大数量的极低放废物和解控废物；核技术应用废物的来源具有多样性；伴生放射性矿开发利用废物涉及的部门最多。

（1）核能利用过程中的放射性废物

核能利用过程中的放射性废物主要围绕核燃料循环产生，包括核燃料生产、使用和乏燃料后处理三个阶段。除此之外，在核设施退役和核事故处理过程中也会产生放射性废物。

核燃料生产阶段的放射性废物主要是在铀（钍）矿等核原料的开采过程中及核燃料元件加工过程中产生。在铀（钍）矿等核原料的开采过程中产生的固体放射性废物有废铀（钍）矿石，以及开采结束后尾矿。在这一过程中还会产生一些液体放射性废物，如铀（钍）矿坑中的废水、冲洗车辆的废水、废石场的废水和铀水冶的废水等。在燃料元件加工环节产生的放射性废物主要是含铀固渣和制造混合氧化物燃料元件所产生的钚污染废物。

核燃料使用阶段会产生大量的受放射性核素污染的放射性废物，例如，核电站的处理污染设备、监测设备、运行时的水化系统、交换树脂、废水和劳保用品等。

乏燃料后处理阶段的放射性废物主要是裂变产物。对乏燃料进行化学分离铀和钚时，第一次萃取循环过程产生的裂变产物次锕系元素都留在酸性废液中，形成高放射性废物。在第二、第三萃取循环过程中，会产生大量的受放射性核素污染的冷却水等低、中放废物。

核设施退役时产生的放射性废物与核电站核事故处理过程中产生的放射性废物的放射性一般比较低，危害不是很大。但是在这个过程中产生的放射性废物数量大，种类多样。

（2）核应用技术利用过程中的放射性废物

核应用技术利用过程中的放射性废物主要是工业、农业、医疗、科研和教学等单位应用放射性同位素和辐射技术所产生的废放射源，以及各种污染材料（金属、非金属）、劳保用品、工具设备等。

（3）NORM 废物

NORM 是指能自发放出 α、β 或 γ 射线的天然存在的某些物质，一些大规模的工业活动（如矿产资源开发和利用等）造成放射性核素在副产品、设备和废物中富集，使其天然放射性水平升高，通常称为 NORM 或 TENORM。

NORM 原材料被开采、运输和加工，以及进一步使用，伴随的后果是放射性核素进入空气和水，并最终对人产生照射，我国于 1983—1990 年开展了全国天然放射性水平调查，发现石煤和稀土等伴生矿的开发利用已对周围的辐射环境带来一定影响。近年来，随着我国矿产资源开发及其工业固体废物和尾矿的产生规模逐步扩大，部分 NORM 企业周围辐射环境质量受到一定程度影响并引起社会关注，特别是，个别 NORM 企业所致公众剂量已明显超过国家标准规定限值。NORM 废物管理是放射性废物管理的重要组成和辐射安全监管的重要内容。

2.2　放射性废物的特征

核能利用中产生和利用的所有天然和人工放射性物质，除衰变掉以外，最终都将以放射性废物的形式存在。放射性废物不仅直接威胁职业人员的安全，而且是构成生态环境中放射性污染的主要污染源，对广大居民及其子孙后代的健康产生有害影响。

（1）放射性

放射性现象是原子核自发释放出 α、β 和 γ 等各种射线的现象。而放射性废物所包含的核素属于不稳定的核素，能够自发释放射线，具有放射性。并且放射性核素的放射性具有

一种特性，即不能用化学的、生物的和物理的等方法消除，只能等待其自身长时间的衰变而逐渐减少，直至最后不再具有放射性。并且有些放射性核素的半衰期特别长。例如，乏燃料经过后处理将铀和钚分离出后，剩下的还有次锕系元素镎、镅、锔，其中镅-241 的半衰期为 433 年，镅-243 的半衰期为 7 000 多年，镎-237 的半衰期更是长达 200 万年。

（2）射线的危害性

放射性废物的放射性核素浓度或者比活度是大于国家确定的清洁解控水平的。放射性核素会自发地放射出 α、β 和 γ 等各种射线，而这些射线会对生物体造成一定程度的损伤。另外，放射性废物中的放射性核素会迁移，在环境中扩散和富集，对环境造成放射性污染。

（3）释热

放射性废物所包含的放射性核素都有一定的衰变期，放射性核素在衰变的过程中要释放出热量。所以，从反应堆中卸出的乏燃料和放射性比较高的放射性废物都要贮存在水池或硼酸池中，以起到冷却和防辐射的作用。

2.3　放射性废物的辐射风险

放射性废物含有放射性核素。放射性核素会自发地辐射出 α、β、γ 射线，具有一定的辐射危害性。在整个核燃料循环体系中产生的放射性核素，95%以上都在放射性废物中积存。若放射性废物无法得到妥善管理，则其中的放射性核素将释放到环境中，在土壤、水和大气等生物圈中迁移、转化，并在动植物中富集和沉积，危及生态环境安全和人员健康。这也是环境放射化学和放射生态学的主要研究领域。

人体受到放射性废物的辐射，一方面可以对受辐射者自身的身体造成伤害，另一方面还可以对受辐射者的后代造成伤害，前者称之为躯体效应，后者称之为遗传效应。躯体效应主要表现为造成受辐射者的细胞受到伤害。低剂量的辐射会造成受辐射者头疼、失眠、身体无力、关节疼痛等。另外，长时间的辐射还可引发癌症，包括白血病、骨癌、肺癌及甲状腺癌。遗传效应主要表现为引起基因突变和染色体畸变，并遗传给后代。在第一代子女中放射性对遗传的损伤通常表现为流产、死胎、先天性缺陷和婴儿死亡率增加，以及胎儿体重减轻和改变两性比例等。

放射性废物是含有放射性核素的废物，能够随着介质的扩散或流动在自然界中迁移，并且进入植物、动物、人体内，并富集于其内。放射性核素有一定半衰期，且不因气压、温度而改变，当其被介质吸收富集后，会给周围的大气、土壤、水、动植物以及其他非生命物造成一定的辐射危害，造成环境的放射性污染。例如，铀矿开采完后，贮存在尾矿中的放射性废物包含有放射性核素，就会发生纵向和横向的迁移。在纵向方面，放射性核素随尾矿水渗透，到达地下水，则污染地下水；在横向方面，放射性核素可以污染地表土壤和地表水，在被污染的土地上种植农作物，用污染的水来浇灌，放射性核素就会富集于整个生态链中，从而对整个生态系统中的生物带来威胁，最终对位于生态链顶端的人类带来辐射危害。

2.4　解决放射性废物的辐射安全问题的途径分析

解决放射性废物的辐射安全问题，核心是做好放射性废物的安全处置工作。放射性废物对环境安全影响的典型特征是衰变持续时间极长，可达上万年，且不可逆，无法通过普通方法消除，只能采用隔离、包容和阻滞等方法对放射性废物实施处置，使其中的放射性核素与人类环境长期隔离，直至衰变到可接受的水平。

放射性废物处置的基本策略是核素的浓集和包容，其首要目标是尽可能长地与人类环境隔离。由于不能在较长的时间内保证隔离的完整性，还必须减缓放射性核素最终释放到环境中。处置系统提供的安全功能主要包括隔离与包容。可以通过定义一系列功能要求说明处置库的多屏障系统提供的安全功能。这些要求可以用于相关人员（安全评价者、工程设计者、非技术人员等）之间的交流，以解释处置系统如何起作用、评价单个屏障对整个系统性能的贡献，并由此得到工程屏障的设计标准。每个功能要求的实现需要处置库系统中的一个或多个屏障的作用。

对应于处置库系统的安全功能，可以确定四个性能要求：物理隔离、包容、阻滞和稀释。处置系统的隔离功能，通过前三个性能要求实现。在被物理隔离期间，废物中所含的放射性核素的活度将由于放射性衰变而大大地减少。处置库的包容功能主要通过后三个性能要求实现。处置库各屏障的演化和自然或人类行为的低概率事件可能会对处置库系统的安全功能造成干扰。工程与天然屏障的稳定性和限制人类闯入这两个性能要求有助于限制处置库各屏障的演化速率和低概率事件的影响。

（1）物理隔离

这一性能要求指处置系统关闭后的第一阶段密封屏障对放射性废物的物理隔离作用。

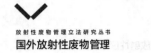
只要这一要求保持有效，地下水和废物体中的放射性核素之间没有直接接触，放射性核素将不会从废物体中释放。物理隔离作用可以防止在处置库初始阶段放射性核素的弥散（再饱和、热释放、强β/γ辐射、压力重建等），使得处置系统更完整和易于分析。同时，由于这一性能的有效性，短寿命核素发生放射性衰变的优点得以体现。在大多数处置概念中，这一性能要求由长寿命的金属或混凝土容器保证。容器的长寿命可以取决于壁厚、腐蚀率或材料的热力学稳定性。工程材料可以在处置容器周围提供适宜的化学环境，对此性能要求有间接贡献。

（2）包容

处置容器失效后，地下水与废物体直接接触，核素开始从废物体中释放，并与废物体的降解相结合。很多物理化学过程将会显著限制核素释放到周围环境，如废物体的侵蚀、沉淀和吸附。假定包装容器不会同时失效，核素总量的瞬时释放比例有一个时间分布。在容器部分失效的情形下，几何约束将会限制放射性核素的释放。若这一性能要求得到满足，则即使容器穿孔后，大多数核素也会在很长时间内滞留在包装容器中，在此期间部分核素发生衰变，大大限制了单位时间内核素从包装容器内释放的总量。对这一性能要求有贡献的部分主要是废物体和沉淀，后者主要得益于多数核素的低溶解率。若容器上存在的小孔限制到一个或几个，则其也会对低释放的性能要求有贡献。

（3）阻滞

溶解到地下水中的放射性核素通过缓冲材料向外迁移。由于水力传导系数很低，核素的迁移方式主要是扩散。而且，很多核素将吸附到膨润土矿物上。放射性核素在围岩中的对流传输过程中，扩散可以进一步阻滞核素的迁移。阻滞作用大大限制了单位时间内出现在生物圈中的长寿命核素的量。通过缓冲材料和围岩的长时间迁移有利于长寿命放射性核素的放射性衰变。

（4）稀释

核素离开围岩后会随时间散布开来，释放到周围的含水层，并最终进入人类环境。含水层和地表水域对核素的稀释作用将减少在可能与人类直接接触的水域中的核素浓度。稀释的重要性比浓集和包容要弱。并且，处置库的水文地质条件和水文环境会受到各种干扰因素的显著影响（如气候变化、地貌变化过程、人类闯入等）。

第 3 章 ◇ 美国放射性废物管理

美国是世界上核电工业规模最大的国家，2014 年有 99 台机组在运行，装机容量为 98.2 GW，占全国总发电量的 20%。截至 2010 年 9 月，美国已处置了 1 600 万 m³ 低放废物，其中商业处置库处置了 490 万 m³、国防处置库处置了 1 100 万 m³。能源部（Department of Energy，DOE）在大约 230 个大罐中贮存了 34 万 m³ 高放废液。而核电乏燃料大部分还贮存在核电厂，截至 2010 年年底，约累积了 65 000 t 乏燃料。

3.1 管理体系

美国对放射性废物实行军民分线管理，各自有一套分类体系和监管机构。能源部主管军工核废物，核管理委员会（Nuclear Regulatory Commission，NRC）主管民用核废物，国家环境保护局（Enviromental Protection Agency，EPA）监管所有废物的辐射安全和环保安全。美国放射性废物管理体系见图 3-1，其中所有高放废物统一由能源部下的核能办公室管理，军用放射性废物由能源部环境管理办公室管理，而民用低放废物则在核管理委员会授权下由核电厂所属各州政府负责监管。

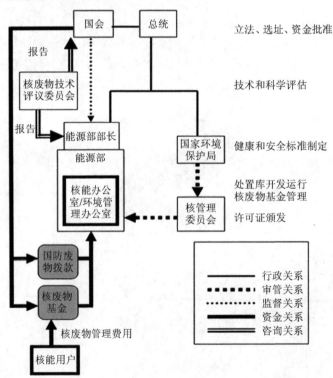

图 3-1　美国放射性废物管理体系

3.1.1 政策和立法机构

美国放射性废物管理与监理的政策包含在一系列法律中。法律规定了联邦政府各机构对放射性废物的责任。联邦法律由议会颁布，总统签署后具备法律效力。美国法律适用于50 个州的所有领土。

国会主要负责颁布相关法律，为拨款提供立法方面的指导，并最终批复放射性废物处置方案、确定废物处置场的最终场址、审议批准年度政府预算（含高放废物拨款预算）。

总统进行相关决策，并向国会提交决策建议，要求国会通过项目预算。

3.1.2 政府管理机构

美国低放废物分为商业低放废物和政府低放废物两类。商业低放废物由各州政府负责处置，通过《低放废物政策法》，建立合约州制度。超 C 类废物、超铀废物和高放废物的处置由美国联邦政府负责，具体由能源部承担。除核废物最终处置地点由国家（国会）或者相应的州负责审批并进行管理外，所有军用场址和活动产生的乏燃料和放射性废物均由能源部代表政府负责管理，包括对国防计划的商用核燃料、乏燃料及高放废物的地下处置库的选址、建设及运行管理。

（1）机构概况

能源部成立于 1977 年 10 月 1 日，下设 10 个项目办公室、21 个职能办公室，以及多个国家实验室和技术中心、地区办事处和行政机构等，现有约 3 000 名职工。

（2）能源部在放射性废物管理方面的职责和实践

能源部与放射性废物管理相关的是项目办公室中的核能办公室（NE）与环境管理办公室（EM）。核能办公室负责核燃料循环体系和技术开发，乏燃料和高放废物处置是其中内容之一。环境管理办公室负责对污染的或是关停的设施进行环境清理，低放废物和超 C 类废物处置是其任务之一。

（3）能源部经费来源

能源部的经费主要来自政府年度预算。

3.1.3 监管机构

在美国乏燃料和放射性废物管理的法律体系内包含数个机构：NRC 分管商业核电部

分；EPA 建立环保标准；DOE 管理部门下的政府项目。一些 NRC 的监管授权权力——（不包含乏燃料、能够成临界量的特殊核材料和高放废物）可由美国 50 个州执行（包括波多黎各和哥伦比亚区）。这是 1954 年《原子能法》（AEA）补充版第 274 条的规定。这些授权包含监管商业低放废物处置场和铀矿尾矿场地以及监管铀矿尾矿处置的授权。一些州自己也有 EPA 的监管授权，例如，工业或采矿作业排放的废物。

负责放射性废物监管的 3 个联邦机构一般章程包含在美国联邦法规第 10 条（NRC 和 DOE）和第 40 条（EPA）中。美国政府章程经由公开程序发布，包括向公众寻求意见。新章程发表在联邦记录（FR）上，其为提议版或最终版。

DOE 指令是内部命令，其功能与 DOE 和 DOE 合同方活动章程相似。DOE 合同方依法遵守命令并强制执行合同条款。

在环境标准方面，EPA 的标准设定功能与 NRC 的实施功能分离反映了一项近 40 年的国会政策，即让唯一机构设定环境标准。EPA 设立后集中了原先分布在数个机构中的环境授权，包括 NRC 的前身原子能委员会（AEC）。同一机构设定并实施标准是有益处的，NRC 在很多领域，尤其是在核设计和核运行方面就实行这样的标准。此外，根据唯一机构设定环境标准的国家，管辖范围足够宽泛，授权此机构对包括核在内的多种危险划分等级。

3.1.3.1 NRC

（1）机构概况

NRC 是独立的监管机构，是国会根据 1974 年能源重组计划由其前身 AEC 组织而成的，目的是维护公众健康安全、保护环境，通过使用副产品、资源和特殊核材料来促进国防与公众安全。

NRC 成立于 1975 年 1 月 19 日，由一个由 5 人组成的委员会领导。5 名委员由总统咨询参议院并征得同意后任命，总统指定其中 1 名委员担任委员会主席和官方发言人，委员会负责制定核安全监管政策和法规，批准发放许可证和对许可证持有者行使监管权力。5 人委员会下设执行主管，负责执行 5 人委员会的政策与决议，指导下属机构的活动。

NRC 设有核反应堆监管办公室、核材料安全与保障办公室（NMSS）、新反应堆办公室、执行办公室、核安保与应急响应办公室等机构。4 个地区办公室负责对所辖地区的许可证持有者开展检查、执行等工作。目前，NRC 拥有约 4 000 名职员。

核材料安全与保障办公室（NMSS）负责监管用于商用核反应堆的核燃料生产的安全与保障，高放废物和乏燃料的安全贮存、运输和处置，以及放射性材料的运输。监管活动包括许可审查、检查、许可证持有者能力评价、事件分析，以及执法。2014 年 10 月 5 日，NRC 的联邦与州材料和环境管理项目办公室并入 NMSS，所有职责也划入 NMSS。因此，NMSS 具有实施 NRC 对核材料监管的全部权力。NMSS 与 NRC 其他办公室、联邦机构、协议州、非协议州合作履行这一职责。NMSS 制定和实施工艺研商、退役、铀回收、低放废物和事故废物场址中辐射源、副产品和特殊核材料的安全与安保，并评价 NRC 各分区和协议州的监管能力。

（2）在放射性废物管理方面的职责和实践

NRC 的管理对象包括：

• 商业核电，非电力研究、试验和培训的反应堆；

• 核燃料循环设备、医学、学术和工业用途的核燃料；

• 贮存处理核燃料和废物；

• 国会授予 NRC 执照和相关监管授权的特定 DOE 活动和设备。

NRC 管理生产商、产品、运输、接收、收购、所有权、所有物和商业放射性废物的使用，包括相关放射性废物的管理。

NRC 尤其针对低放废物、高放废物、设备和现场的去污退役进行控制和处理。NRC 还负责为监管建立技术基础，为发展执照资质审核的可接受标准提供信息和技术基础。

NRC 监管程序比较重要的一方面是检查和实施。

NRC 有 4 个区域办公室，负责检查管辖区域内包括核废物管理设施在内的授权设施。NRC 联邦和州材料环境管理程序办公室与州政府、地方政府和部落首领联系，监督国家方案达成协议。

（3）经费来源

NRC 的经费来自政府预算。

3.1.3.2 EPA

EPA 成立于 1970 年，其主要职责之一是制订和发布与环境、安全和健康有关的标准，包括放射性废物处置环境辐射防护标准等。EPA 有 1 个总部组织和 10 个区域办公室，每个区域办公室负责与区域内各州合作管理机构项目。

《废物隔离中间工厂用地回收补充条例》（WIPP LWA）要求 EPA 发布最终章程，处置

乏燃料、高放废物和超铀废物（TRU）。条例同时授权 EPA 设定标准，实施最终废物隔离中间工厂（WIPP）放射性废物处置标准。条例规定 EPA 必须每 5 年检测一次 WIPP 设施是否符合最终处置章程，是否符合其他的联邦环境和公众健康安全章程，如《清洁空气法》（CAA）和《固体废物处置法》。

3.1.3.3 DOE

DOE 安全、健康和安保办公室（HSS）对《联合公约》指定的 DOE 乏燃料和放射性废物管理进行监管和独立监督，2014 年重组成两个办公室：环境、健康、安全和安保办公室（EHSS）和独立事业评估办公室（IEA）。EHSS 为保护 DOE 工人、公众、环境和国家安全设施提供法人领导和战略方法。通过制定法人政策和标准，提供实施指导，分享运行经验、教训和良好实践，为线性管理提供帮助和支持服务，实现上述任务。任务目标是成功倡导 DOE 环境、健康、安全和安保。EHSS 职责包括：

- 为运行 DOE 设施而制定充足、有效、先进、环保、职业安全与健康的政策和规则；

- 为 DOE 程序提供技术支持，确定并解决环境、健康、安全和安保问题。

EHSS 为健康和安全政策制定、管理、指导程序，保护工人健康安全，保护设施和系统安全运行。在安全健康规章审核和监管改革方面，它是劳动部（DOL）职业健康安全局与 NRC 的主要联络方。

IEA 在 DOE 内部主要起独立监管作用，向能源部部长办公室汇报工作。IEA 负责以下几个方面：

- 实施核和工业安全、网络和物理安全及其他功能的评估工作；

- 实施调查职能，强化工人健康安全，核安全和安保领域的议会授权功能；

- 实施强化项目，推进 DOE 核安全、工人健康安全和安保项目的整体改进；

- 管理独立监督项目，对实体保卫、网络安全、应急管理、环境、安全和健康方面的 DOE 政策准确性和线性管理的有效性进行独立评估；

- 对安全与应急管理领域的 DOE 现场、设施、组织和运行工作进行独立评审；

- 根据线性管理或由 DOE 资深管理者领导，对安全和应急管理主体进行特殊评审。

除 EHSS 和 IEA 的监督功能外，DOE 成立低放废物处置设施联邦评审组（LFRG）符合 DOE 435.1 的要求，同时执行监管功能，是对 DOE 低放废物（LLW）处置设施的性能评估（PA）进行评审的主体。此外，LFRG 协助高级经理评审支持批准 LLW PA 的文件，对特殊废物处置设施或适当的《综合环境反应、赔偿与责任法》（CERCLA）进行综合分析。LFRG 向高级经理建议每个现场开始、继续或停止运行。

DOE 法律顾问办公室（如需要，还有国家核安全行政法律顾问办公室）确保项目和程序按照适用的联邦法规和规章实施。

3.1.3.4　国防核设施安全局（DNFSB）

国防核设施安全局是 1988 年议会建立的独立联邦机构。DNFSB 由 AEA 授权，职责是执行关于 DOE 国防核设施的核安全推荐建议。DNFSB 对国防核设施设计、建设、运行和退役方面的 DOE 健康安全标准进行内容和实施情况的审核和评估。授权 DNFSB 推荐变更，保护公众健康和安全。

3.1.3.5　其他联邦监督机构

某些 DOE 设施和运行要接受独立监督。NRC 和 EPA 都监管某些 DOE 设施，例如，DOE 爱达荷州现场内三哩岛损坏的燃料和堆芯碎片存储方式是 NRC 授权的干法贮存。EPA 通过自身的 WIPP LWA 给 WIPP 授权。

3.1.4　执行机构

总体上由 DOE 负责领导、组织和管理，具体由 DOE 下设的环境管理办公室和核能办公室两个部门来执行，并对场址退役清理和安全关闭实行军民分开管理。

3.1.4.1　EM

（1）职能

EM 主要负责管理军工核武器科研生产设施退役及遗留废物的治理，对曼哈顿计划和冷战活动产生的数十万立方米放射性废液、数千吨乏燃料与特殊核材料、大量超铀废物与混合/低放废物、大量受污染的土壤和水进行处理与处置，还负责数千个遗留核设施的去污和退役。

（2）组织结构

EM 设有部门主管——助理部长和首席副助理部长、场址运行部门、监管与政策事务部门、企业服务部门等，EM 组织结构见图 3-2。

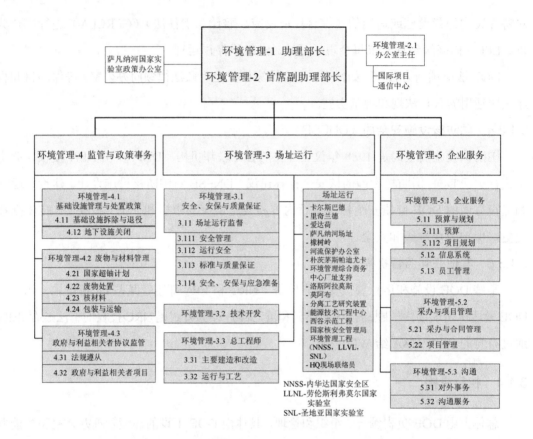

图 3-2 EM 组织机构

（3）人员与经费

目前，EM 总部有职员 283 人，综合商务中心有 145 人，各核场址 1 032 人，共计联邦雇员达 1 460 人。另外，在各核场址还分布着合同承包商的工人数千名。

EM 每年提交财年度预算，经国会审批后拨付财政资金。EM 的绝大部分资金来源于"国防环境整治"账户，其他来源还有"非国防环境整治"账户和"铀浓缩去污和退役基金"。近 10 年来，EM 每年获得的经费有 50 亿～65 亿美元，尤其是近 5 年来逐年递增。EM 经费中用于国防环境整治工作的平均每年在 50 亿美元左右。EM 近 10 年财政拨款见图 3-3。

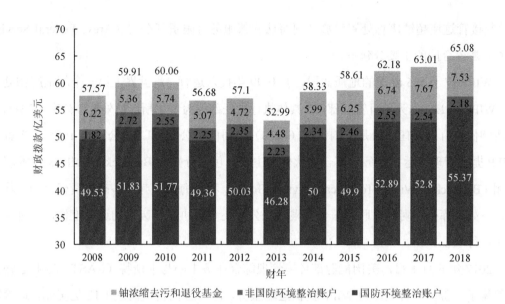

图 3-3　EM 近 10 年财政拨款

（4）负责的项目

EM 主要负责管理军工核武器科研生产设施退役及遗留废物的治理。1989 年至今，美国针对"冷战"遗留物的清理，开展了环境管理（environment management，EM）计划，包括橡树岭项目、废物隔离中间工厂项目、尤卡山计划等。

——EM 计划下的橡树岭（Oak Ridge）项目

橡树岭项目的目的是完成遗留场址和现役场址的环境清理，同时保护人类健康与环境。橡树岭保留地包括 3 个地理位置：东田纳西技术园场址、橡树岭国家实验室和 Y-12 国家安全综合体场址。橡树岭保留地清理项目主要由《橡树岭保留地联邦设施协议》《橡树岭保留地遵从法令》《橡树岭保留地多氯联苯联邦贮存设施遵从协议》3 个监管协议/法令监管。

橡树岭的项目规划和管理是通过与大型和小型企业签订合同并发布和执行来实现的。橡树岭制定了近期和长期规划，以便制定更详细的合同策略和计划/项目规划。之后选择承办商，执行这些计划，并按进度安排如期完成清理工作。

——EM 计划下的废物隔离中间工厂（WIPP）项目

2012 年 4 月 23 日，美国能源部将一份废物隔离中间工厂（WIPP）的管理与运行合同授予核废物伙伴有限责任公司（Nuclear Waste Partnership）。这份合同为期 5 年，价值 13 亿美元，到期后可续约 5 年。根据这份合同，核废物伙伴有限责任公司从 2012 年 10 月

1 日起接管这座超铀废物处置设施。阿海珐联邦服务有限责任公司（Areva Federal Service LLC）是该合同的主要分包商。

WIPP 位于 655 m 深的地质盐层，于 1999 年投入运行，是世界上第一个超铀废物处置库。WIPP 由 EM 作为项目管理部门。具体执行责任部门为卡尔斯巴德外地办公室（CBFO）。核废物伙伴有限责任公司是美国优斯（URS）公司的子公司。URS 公司自 1985 年起就为 WIPP 提供管理与运行服务，其合作伙伴和主要分包方分别为 Babcock & Wilcox 技术服务集团（Babcock & Wilcox Technical Services Group）和阿海珐联邦服务有限责任公司。除管理地下处置库外，阿海珐联邦服务有限责任公司还负责协调核废物的运输工作，并对送交废物进行表征。

2017 年 6 月 1 日，美国能源部环境管理综合业务中心与卡斯特（CAST）专业运输公司签署了一份 5 年合同，为 WIPP 提供运输服务。这份合同价值高达 1.12 亿美元。运输服务包括超铀废物和多氯联苯、石棉等混合废物的安全运输。CAST 将废物从美国能源部各个场址及与国防相关的超铀废物产生地运到 WIPP。超铀废物必须以 NRC 批准的 B 类包装运输。

——EM 计划下的尤卡山计划

美国国会于 1982 年通过的《核废物政策法》规定，必须对来自军事、科研和电力生产领域的高放废物进行最终地质处置。在开展了 20 年的高放废物最终处置库选址工作后，美国国会最终于 2002 年通过了一项法案，指定位于内华达州的尤卡山为唯一可供能源部考虑的高放废物最终处置库的场址。

但奥巴马总统在其就职后不久就宣布尤卡山"不是一个选项"，并于 2009 年 2 月取消了该计划的经费。2010 年 3 月 3 日，能源部正式向 NRC 提交申请，要求撤销其于 2008 年 6 月提交的尤卡山处置库的建设申请。能源部表示，根据 2010 年的预算提案，用于开发尤卡山设施的所有资金将被终止，如进一步征用土地、交通和其他工程等。由此，经历了 22 年的建设后，耗资近百亿美元的尤卡山永久性核废料处置地计划于 2010 年被废止。

为解决美国高放废物的长期管理问题，能源部在 2010 年 1 月 29 日宣布于当日正式组建蓝带委员会，专门负责制订高放废物的长期管理战略，但不考虑处置库的选址问题。该委员会在 2011 年 7 月拿出中期报告，2012 年 1 月向能源部提交最终报告。

EM 负责建造和运行废物处理设施、运输和处置超铀废物和低放废物。

3.1.4.2 NE

能源部下设的原民用核废物管理办公室（OCRWM）专门负责管理和处理高放废物和乏燃料。核废物管理办公室在美国尤卡山地质处置计划中扮演了重要角色，然而在 2009 年，奥巴马政府暂停了有关尤卡山地质处置计划，并撤销了核废物管理办公室，其相关职责合并到 NE。

（1）职能

NE 主要负责民用放射性废物管理以及所有放射性废物（包括军工）的最终贮存、处置和管理，其主要任务是推进核能成为一项资源，以满足国家的能源供应、环保和能源安全的需要。在乏燃料管理领域致力于开发和分析能够确保可持续的核燃料循环。能源部一直在支持符合"美国核未来"蓝带委员会建议的研发活动和政府政策。

（2）组织结构

在乏燃料管理机构方面，NE 下设乏燃料及废物处置副秘书长、乏燃料及废物科学与技术办公室、综合废物管理办公室和项目运营办公室（图 3-4）。现任乏燃料及废物处置副秘书长，将致力于开发一个可持续性的乏燃料及高放废物管理和处置的解决方案，包括设计基于一次通过的选址程序和综合性废物管理系统的开发。

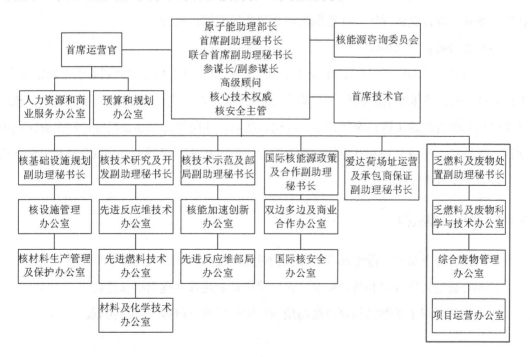

图 3-4 NE 组织机构

（3）人员与经费

NE 约有 420 名职员。2016 年批准财政拨款 9.86 亿美元，2017 年批准财政拨款 9.84 亿美元，2018 年申请预算 7.03 亿美元，其中前两年尤卡山项目经费为 0，2018 年申请了 1.2 亿美元。

NE 旨在推进先进核能的研发，其中一部分工作是乏燃料和放射性废物处置。

3.1.5 咨询监督机构

（1）美国核废物技术评审局（NWTRB）

根据 1987 年《核废物政策修正法》（NWPAA）成立美国核废物技术评审局。NWTRB 针对 1982 年《核废物政策法》实施中存在的技术问题，向议会和能源部提供解决方案。该局对能源部秘书处关于管理和制订乏燃料和高放废物处置方案的技术有效性进行评估。NWTRB 是完全独立的联邦机构，没有政党和政治倾向。美国国家科学院（NAS）挑选候选人提交总统，总统从中任命 11 名成员组成技术评审局。

（2）核废物技术评议委员会

核废物技术评议委员会主要负责监督一切技术工作，包括废物运输、中间贮存、场址评价、处置库设计及运行等，并定期向国会和能源部部长报告。

（3）蓝带委员会（BRC）

美国政府于 2009 年暂停尤卡山计划，其乏燃料和高放废物管理计划处于不确定状态。考虑到这一重大政策的重新调整，美国国会成立了蓝带委员会。BRC 的主要职责是对核燃料循环后端的管理政策进行全面评审，提出新战略，并向能源部部长报告，旨在解决民用和国防乏燃料、高放废物和其他核材料的贮存、处理和处置问题。该委员会共有 15 名成员，设有 2 位联合主席。

3.1.6 费用管理机构

美国核管理委员会、能源部等联邦机构通过年度预算规划人员和项目经费。

核能办公室负责收费和管理资金，评定费用是否足够并提出调整建议。

核废物基金用于乏燃料与高放废物地质处置研发和各阶段工作的实施。

3.2　法律法规

为了规范放射性废物的管理，美国制定了一系列法律法规。联邦法律由美国国会制定，并由总统签字，适用于所有 50 个州和属地。美国核设施退役及放射性废物管理相关的主要法律法规见表 3-1。

表 3-1　美国核设施退役及放射性废物管理相关的法律法规

1954 年《原子能法》
1969 年《国家环境政策法》（NEPA）
1972 年《海洋保护研究和避难法》
1985 年《低放射性废物政策法》及其修正案
1982 年颁布《核废物政策法》（NWPA）及 1987 年《核废物政策修正法》（NWPAA）
1992 年《能源政策法》（EnPA）
《废物隔离中间工厂土地征收法》（公法 102-579）
《危险物质运输法》

（1）1954 年《原子能法》

1954 年《原子能法》共 22 章 320 条，条文涉及核活动的方方面面，包括民用及军用。该法规定，美国联邦政府承担核能管理的绝大部分责任，例如，核设施的许可证审批由联邦的立法和行政法规管理。通常情况下，如果州的法令和联邦法不矛盾，各州可以管理那些联邦政府不涉及的核活动。在核领域，联邦具有广泛的管理权，例如，法院裁决、州不能管理高放废物的处置和放射性材料的运输。对于大气放射性污染的控制，州可以采用比联邦更严格的标准。州可以通过授权，承担一些由联邦政府管辖的活动。

（2）1969 年《国家环境政策法》（NEPA）

该法建立了国家的环境政策，并推动了环境质量委员会的成立。随后，1970 年成立了EPA，授权制定环境中的放射性的适用标准。

（3）1987 年《核废物政策修正法》

1982 年的《核废物政策法》于 1983 年 1 月 7 日通过，在 1987 年 10 月 22 日通过了对该法进行的大范围修改。1987 年的《核废物政策修正法》主要包括五个部分：第一部分为高放废物、乏燃料和低放废物的处理和贮存；第二部分为关于处理高放废物和乏燃料的研

究、发展和实验；第三部分为关于放射性废物的其他规定；第四部分为放射性废物谈判代表；第五部分为放射性废物处理技术评审。1987 年的《核废物政策修正法》使美国的处置计划在方向上发生了较大变化，最显著的是在过去 3 个候选场址中，只选择了尤卡山作为继续调研的目标。

（4）1992 年《能源政策法》

1992 年的《能源政策法》于 1992 年 10 月 24 日通过，该法第三部分规定了高放废物永久处置的国家政策，包括高放废物是国家的问题，高放废物处置是联邦政府的责任，废物产生者应支付费用，州及公众的参与是必要的，应保护当代人及未来人类的公众健康、安全和环境等内容。

1992 年的《能源政策法》进一步确定了美国处置库计划的方向，规定了必须制订尤卡山特定的标准和法规，即 40 CFR 197 和 10 CFR 63。如果美国寻求在尤卡山之外的其他地方建设处置库，需要对包括 40 CFR 191 和 10 CFR 60 在内的通用监管规定作出重大修订或代之以新的监管规定。

（5）《废物隔离中间工厂土地征收法》（公法 102-579）

该法详述了能源部应如何建设和使用废物隔离中间工厂，例如，禁止在废物隔离中间工厂中处置高放废物或乏燃料，因为该设施只用于处置国防核活动产生的超铀废物。

（6）《危险物质运输法》

该法对放射性物质运输的管理进行调整，设有专章规定了对钚材料运输的管理办法。

3.3　管理政策

3.3.1　分类处置

在美国，放射性废物有多种类别，取决于其危害的情况和产生的过程。NRC 监管大多数的放射源，包括 LLW 和高放废物（HLW）的处置，以及铀和钍尾料的处理。铀厂尾矿开采的最终副产品铀也被认为是放射性废物。放射性计数的范围可以到本底值非常高的水平，如核电站反应堆容器。医学实验室和医院里每天产生的被医疗放射性同位素污染的垃圾，也是指定的放射性废物。

10 CFR 61 的 NRC 条例将商业部分的 LLW 分为 A、B、C 三类。超过 C 类 LLW 特性活性的废物（greater-than-class C LLW，GTCC LLW）一般不能进行没有附加特殊安全要求的近地表处置。这一分类的根据是 LLW 潜在的放射性危害、处理和废物形式要求。A类 LLW 比 B 类和 C 类 LLW 含有更低的放射性物质活性。表 3-2 为美国商业放射性废物分类。

表 3-2　美国商业放射性废物分类

废物分类	描述
HLW	高放废物在乏燃料再处理时产生,包含直接再生的液体废物和由裂变产生的固体废物及其他 NRC 现有法规中需要永远隔离的高放废物
Class A LLW	在 10 CFR 55（a）（2）（i）中描述了 A 类废物的特性，在 10 CFR 61.56（a）中描述了其形态要求（美国对 A 类废物没有最小限值规定）
Class B LLW	B 类废物比 A 类废物需要满足更严格的稳定性要求
Class C LLW	C 类废物不仅应满足比 B 类废物更严格的稳定性要求，同时还应在其处置厂增加防护措施以防止人员误入
GTCC LLW	不在近地表处置的 LLW
AEA 章节 11e.（2）副产品材料	铀和钍矿产生的尾矿和废物中低浓度铀和钍溶液是处理的主要对象，包括提取工艺产生的废物的表面铀污染，提取的铀和钍不可定义为"副产品材料"

DOE 将其拥有或所产生的放射性废物列为 HLW、TRU 或 LLW。此外，DOE 管理大量铀厂尾矿和放射性物质。废物也可能含有危险废物成分。含有放射性和有害成分的废物在美国被称为"混合"废物（混合 LLW 或者 TRU）。DOE 认为，乏燃料应被算为核材料，而不是核废料。一般来说，HLW 的原材料是再加工过的乏燃料。TRU 一般包括被人造放射性同位素或"重"金属元素［长周期 α 照射过的废物且比活度高于 3 700 Bq/g（100 nCi[①]/g）］污染的防护服装、工具、器皿、设备、土壤和污泥。

美国放射性废物分类的两个系统适用于不同的目的和情况，并没有冲突。如果业主将放射性废物从 DOE 移交到商业设施，需要得到 NRC 的许可，并由 NRC 监管（和分类）。表 3-3 给出了商业废物分类与 DOE 废物分类体系的对比。

---

① 1 Ci = 3.7×10^{10} Bq。

表 3-3　美国商业废物分类与 DOE 废物分类比较

DOE 废物分类		商业废物分类	
高放废物（HLW）	乏燃料后处理产生的高放废液及其固化体和含有高活度裂变产物核素、法规要求永久隔离的其他放射性废物（DOE 将乏燃料作为核材料，而不是废物）	高放废物（HLW）	乏燃料后处理产生的放射性废物，包括后处理过程中直接产生的液体废物（高放废液）及其固化体（所含裂变产物活度浓度较高，即高放废物固化体）和 NRC 根据现行法规要求需永久隔离的其他放射性废物
低放废物（LLW）	除高放废物、乏燃料、超铀废物、副产品和 NORM 废物以外的其他放射性废物	A 类低放废物	形态及特性符合 10 CFR 61.56 最低要求的低放废物
		B 类低放废物	为确保废物的稳定性，形态较 A 类低放废物需符合更严格的要求
		C 类低放废物	除了确保废物的稳定性，形态较 B 类低放废物需符合更严格的要求，而且为防止人员闯入，处置设施需采取额外的措施
		超 C 类低放废物	通常近地表处置设施不允许接收的低放废物
超铀废物（TRU）	含量超过 100 nCi/g（3.7×10^3 Bq/g），半衰期大于 20 年的超铀 α 放射性核素的放射性废物，而且不属于： （1）HLW; （2）美国能源部部长，会同 EPA 局长确定，不需要 40 CFR 191 处置规范所要求的隔离程度的废物； （3）美国 NRC 根据 10 CFR 61 需要逐个认定进行处置的废物	副产品废物	铀钍采矿、分离和浓缩等过程产生的废物

　　美国低放废物进行近地表处置。民用低放废物通过协议州模式分别在 4 个在运的商业处置库进行处置。军工低放废物在 DOE 拥有的处置库进行处置，也可通过签订合同在商业处置库中单独建立国防低放废物处置设施。美国的超铀废物绝大部分来自核军工，因此在废物隔离中间工厂中进行处置。

　　根据 1982 年《核废物政策法》，乏燃料被视同为高放废物，要求全部进行深地质处置。1987 年《核废物政策修正法》指定尤卡山为深地质处置库唯一候选地址，但 2009 年奥巴马政府中止了尤卡山项目，由蓝带委员会提出替代方案，开始建造中间贮存设施。计划 2021 年建成一座小型中间贮存示范设施，接收已关闭核电厂乏燃料；2025 年建成一座容量 2 万 t

或更高的中间贮存设施，为处置库的选址建造赢得时间；2026 年完成处置库选址，2042 年完成环评和设计工作，并获得许可证，2048 年建成运行。

3.3.2 低放废物

第二次世界大战结束后，核科学家开始核能的民用开发，例如，应用于核电、工业研究和医疗领域等。此时没有发生放射性废物的大量聚集，因为起初政府没有针对低放废物的法规，生产者只将其倾倒进海里。20 世纪 50 年代，美国国家科学院和原子能委员会发表了一项研究，调查了向海洋倾倒放射性废物对环境的影响。作为回应，在 1954 年《原子能法》中授权联邦政府全面管理核燃料循环各个阶段的所有副产品（包括低放废物）。

3.3.2.1 《低放废物政策法》制定的背景

（1）允许私营，井喷发展

虽然《原子能法》提供了一个统一高效的系统，但各州希望对低放废物处置库的选址进行参与和部分控制。国会在 1959 年修订《原子能法》时，考虑了对这些问题的关注。

根据《原子能法》，1960 年政府授予私营公司许可来开发处置设施。私营公司可以选择处置库的位置，但在建设之前需要得到州和地方政府官员的批准。州官员鼓励发展处置设施，以吸引他们认为需要低放废物处置设施的"高科技"行业，这意味着经济的发展。1961 年，在内华达州的 Beatty 建立了第一个低放废物处置库，随后几年迎来蓬勃发展，到 1971 年在运的商业处置库已有 6 个。除 Beatty 外，还包括：肯塔基州的 Maxcy Flats、南卡罗来纳州的 Barnwell、纽约州的 West Valley、华盛顿州的 Richland 和伊利诺伊州的 Sheffield。当时，这 6 个处置设施能够容纳美国所有的低放废物。

（2）安全问题，关闭一半

这种趋势在 1975—1978 年出现了问题。当时由于管理不善，处置的废物未经严格分类、整备和包装；处置设施比较简陋，系数简单的土沟填埋，覆土太浅未有植被，无良好排水措施，纽约州和肯塔基州的处置库发生了下沉、塌陷或进水，产生了"澡盆现象"，导致放射性核素浸出和向外迁移，处置库因安全问题被关闭。伊利诺伊州的处置库由于土地面积不够，而 NRC 拒绝批准另外的掩埋空间，也被关闭。与此同时，高度曝光的核设施事故（例如，三哩岛事故）造成了强烈的反核情绪，消除了社区有可能允许建立一个新低放废物处置库的机会。到 1979 年，美国只剩下了 3 个低放废物处置库还在运营。

（3）分布不均，运输费高

美国核电站大部分在东部，特别是东北部产生的低放废物要占全美商业低放废物的34%；而在运的3个处置库中有两个分布在西部，一个分布在东南部。将东部低放废物运往西部处置，费用上升2～3倍。并且伴随着运输路程增加，事故概率与居民集体剂量当量也成倍上升。美国在1971—1979年的9年中，运输低放废物5万次，发生事故312起，事故率达0.6%。

（4）感到负担，提价限容

西部两个处置库所在的内华达州和华盛顿州表示不愿接收其他州的废物。因此位于东海岸附近的南卡罗来纳州的Barnwell处置库接收了美国79%的低放废物（Barnwell承担79%，华盛顿州的Richland承担13%，内华达州的Beatty承担8%）。1979年年底，西部的两个处置库由于废物包装和运输问题而暂时关闭，此时Barnwell成为全国唯一可用的低放废物处置库，情况到达了危机点。面对越来越多的核废物，南卡罗来纳州担心自己将成为全国其他地区的"核废物倾倒地"。州长随即宣布，Barnwell处置库将在未来两年将其废物处置数量减半，并将低放废物处置费用提高600%。内华达州和华盛顿州的州长担心将要接收那些以前被送往南卡罗来纳州的废物。20世纪70年代末，3个在运处置库的州政府都制定了各种废物处置限制规定，包括废物接收量限额、接收废物的要求和提高收费标准等。

3.3.2.2 《低放废物政策法》的制定过程

（1）三州反对，国家主持

随着低放废物在全国各地不断聚集以及美国将不再拥有新的处置库的可能性越来越大，国会决定采取行动。国会起初打算发起由国家主持的处置库计划。然而仅剩的3个处置库所在州的州长（南卡罗来纳州、华盛顿州和内华达州），因为一不愿放弃对处置库土地所有权的控制，二担心没有他们参与的计划会使其处置库变成永久处置库，而不赞成处置库计划由国家主持。而其他州对现有的联邦处置库的管理也不满。因此，各州均希望能够选择处置库场址，而不是由联邦政府强制规定。

基于这3个州的建议，全国州长协会（NGA）决定成立小组起草低放废物国家政策建议案。该小组建议：每个州应当负责处置其地缘地区内形成的、并非由联邦政府形成的低放废物；各州可签署低放废物处置州际协议，而且可以限定仅接收协议州内产生的废物。

（2）国会迅速通过法案，各州签署州际协议

1980年，国会迅速通过了《低放废物政策法》（以下简称《政策法》）。该《政策法》

依据处置库所在州授权的提案，并纳入了起草小组的建议，添加了建立协议州之前需要议会批准的要求。该《政策法》提出了两项基本条款：第一，各州负责确保能拥有处置能力，可以通过独立建立一个处置库，或与其他州签订一份州际协议来实现这一结果；第二，1986年1月1日以后，协议州可以拒绝接收协议区域以外产生的废物。

各州快速签订了州际协议。虽然州际协议没有得到广泛的理解，但它们是"宪法"规定的州政府间合作的一种方法，200多年来它们被用来调整各州之间的贸易和商业事务。州际协议看起来是低放废物问题的一个体面的解决方案。一方面，每个州都建立处置库既不高效也不实用，根据协议，签署协议的州中只有一个州必须建设低放废物处置库；另一方面，这些州际协议使各州能在没有联邦政府干预的情况下合作，给予他们一直以来诉求的自主权。

（3）法案没有具体要求，实施遇到各种问题

1）规定不细致，导致协议谈判复杂。《政策法》并没有对协议内容做出任何特别要求。这使得各州必须针对无止境的协议条款变化与"邻居"进行摸索和讨价还价。

2）产生废物量少的州承担一样的责任不公平。由于该法律将每个州都作为平等的主权主体来对待，因此对产生少量放射性废物的州造成了特别的问题。能源部在之后几年讨论这些州的困境时指出："无论某个州是否产生大量的低放废物，或实际上根本不会产生此类废物，该州都必须在该法案规定的期限内为找到处置废物的方法而提供大量资源。"产生极少量低放废物的州继续面临法律、财政和政治问题，而这些问题与其所造成的国家废物管理负担不成比例。例如，6个非附属州（缅因州、新罕布什尔州、北达科他州、罗得岛州、南达科他州和佛蒙特州）和哥伦比亚特区以及波多黎各在1988年共运送了16 080 cuft[①]的低放废物去处置。这才相当于全国运送去处置废物总量的约1%。

3）新建处置库难度大陷僵局。尽管签署州际协议的过程存在困难，但各州都明白，确保拥有处置能力至关重要。截至1984年，36个州签署了8份协议。随着州际协议的到位，各州开始了《政策法》的第二阶段：建立一个处置库。遗憾的是，各州很快就意识到，建立一个低放废物处置库比签订协议的过程要困难得多。截至1985年，只有3个州际协议能够获得运营中的处置库，即围绕南卡罗来纳州、内华达州和华盛顿州的原有处置库而签订的协议。随着距离《政策法》1月1日实行的最后期限已不足6个月，31个州很快就不再拥有安全的低放废物处置途径。国会和州再次陷入僵局。

_____

① 1 cuft=0.028 3 m³.

（4）5 年后做重大修订，详述节点、激励、惩罚

国会在全国州长协会的协助下起草了一个"过渡性一揽子计划"，以确保各州在完成建立新低放废物处置库所需要的漫长过程中能使用处置库。结果就出台了 1985 年的《低放废物政策修正法案》（以下简称《修正法案》）。《修正法案》要求各州自建或通过协议联合起来开发共有的处置库；规定了各州处置目标和没有达到标准时财政惩罚的办法；要求各州必须在 1992 年前提交处置库审批申请，1993 年前具备低放废物处置库；还对原规定的 1986 年可拒绝协议州外废物条款给出了一个 7 年的宽限期，以允许没有处置库的州把废物运往正在运营的处置库。国家负责为超铀废物和超 C 类 LLW 的处置提供条件，共签订 10 份协议，涉及 42 个州和 10 个独立州（包括波多黎各和哥伦比亚特区）。

两项法案之间的重大区别在于国会，民众认为《政策法》是草率和模糊的，国会对此批评做出了反应，在《修正法案》中则规定各种节点、激励措施和惩罚措施这三项条款，使无法进入低放废物处置库的州的成本不断增加。国会希望这种节点、激励措施和惩罚措施的组合能鼓励各州开发低放废物处置库。遗憾的是，即使有具体的期限和具有吸引力的激励措施，各州也不遵守《修正法案》。

上述条款中，涉及的具体内容主要有两个方面：①只有协议州才能拒绝接收协议区域以外产生的废物，而协议州至少包括两个州，某州如果不参加州际协议，自己建设处置库，则无权拒绝全国其他州的废物。②规定了详细的节点、激励措施和惩罚措施。提供了货币奖励。拥有处置库的州可能会对协议州外废物征收附加费，而且这项费用可能每隔几年上调。所收取的附加费中有 1/4 将转入能源部部长持有的托管账户。然后，如果有些州能符合以下截止日期（节点），能源部部长将会进行部分偿还：1986 年 7 月 1 日之前，要求各州签署州际协议，或表示它们计划"单干"；在 1988 年 1 月 1 日前，参与协议的州必须确定选择由哪个州来建设低放废物处置库，宣布该地点将位于何处，并制订一个选址计划；在 1990 年 1 月 1 日前，每个新的协议州或"单干"州的处置库需要提交运营申请。不符合截止日期的州将无法从托管账户中收回资金，并对其使用处置库的更高附加费进行评估。

处置库东道主州有权在其他州不符合某些节点事件的情况下，拒绝对方使用低放废物处置库。如果一个州错过 1986 年 7 月的最后期限或超过 1988 年 1 月的最后期限达 1 年时间，或错过 1990 年 1 月的最后期限，则华盛顿州、内华达州和南卡罗来纳州的处置库可以拒绝接收该州的低放废物。

如果一个州在 1996 年 1 月 1 日之前无法建立或确保能使用一个处置库，则将取得其

区域内所产生的所有低放废物的所有权。"取得所有权"意味着一个州将对在其区域内产
生的所有废物负责，并对"由此类废物产生者或所有者因为未对废物负责而直接或间接产
生的一切损害"承担责任。因此，"取得所有权"条款是一项很严重的惩罚，因为它迫使
州政府在不具备废物产生者的专门知识和设备的情况下，管理低放废物的贮存和处置。它
还要求各州承担运输、贮存或处置低放废物可能伴随的事故、泄漏或任何其他大量危害的
法律责任。具体的节点和奖惩规定如下：

　　—— 截至 1986 年 7 月 1 日，各州需要通过显示其加入协议州意图的立法或者提供在
本州内修建处置库意图的证明。3 个现有处置库所在协议州外的某个州产生的废物要处置
时可能在 1986 年征收高达每平方英尺 10 美元的附加费。附加费中的 1/4 将保存在托管账
户中。如果满足第一个节点，该州将于 1986 年 7 月 1 日收到退款，退款金额等于其存储
在托管账户中的资金的 25%。如果该州未满足第一个节点，该州内低放废物产生者将自
1986 年 7 月 1 日开始到 1986 年 12 月 31 日止支付两倍的附加费。

　　1987 年，现有处置库所在协议州外的废物产生者处置低放废物时可能在 1987 年支付
不超过每平方英尺 10 美元的附加费。

　　—— 1988 年，每个非已定址的协议州需要确定将要建设处置库的州或者选定设施开发
者和开发场地。协议州或者设施所在州还需要编制选址计划。如果一个州违反节点要求，
1988 年征收的协议州外废物处置附加费不超过每平方英尺 20 美元。在遵守节点要求之后，
废物产生州支付并且保存在托管账户中的附加费的 25%将返还该州或者服务于该州的协
议州委员会。如果截至 1988 年 1 月 1 日仍未满足节点要求，违规罚款如下所示：该协议
州或某个州的废物产生者需要支付 1988 年 1 月 1 日到 1988 年 6 月 30 日相关附加费的 2
倍、1988 年 7 月 1 日到 1988 年 12 月 31 日相关附加费的 4 倍。

　　—— 1989 年，如果一个非已定址的协议州没有满足确定设施所在州的里程碑要求，自
1989 年 1 月 1 日开始，已有处置库的协议州可以拒绝接收该州废物。协议州外处置附加费
不得超过每平方英尺 20 美元。

　　—— 1990 年，所有非已定址的协议州或非成员州需要在 1990 年之前填写处置库经营
许可申请。非成员州可以向 NRC 提供书面证明，该州在 1992 年 12 月 31 日之后能够贮存、
处置或管理其产生的低放废物。如果违反该要求，已有处置库的协议州可以拒绝接收该州
废物，且 1990 年协议州外废物附加费不超过每平方英尺 40 美元。如果该州确实遵守节点
要求，原本由废物产生州为 1988 年 1 月 1 日到 1989 年 12 月 31 日期间产生废物支付且保

存在托管账户中的附加费的 25% 将返还该州或者服务协议州委员会。

——1991 年，协议州外废物附加费不得超过每平方英尺 40 美元。

——1992 年，非已定址的协议州或非成员州应已完成处置库经营许可相关的完整申请。此外，如果非已定址的协议州或非成员州违反节点要求，该州的任何废物产生者需支付自 1992 年 6 月 1 日开始到申请提交期间应付附加费的 3 倍。废物处置附加费不得超过每平方英尺 40 美元。保存在托管账户中，从 1990 年 1 月 1 日开始到 1992 年 12 月 31 日截止的废物处理费的 25% 将返还废物产生州或者服务协议州委员会，前提是截至 1993 年 1 月 1 日该协议州应当为废物处置做好准备。

——1993 年，如果截至 1993 年 1 月 1 日，协议州无法为低放废物处置做好准备，该协议州将面临两个选择：其一，应产生者或所有人的要求，低放废物产生州需要对废物负责，而如果该州无法对废物负责，那么将负责产生的损害赔偿；其二，如果该州选择不再取得废物所有权，在 1990 年 1 月 1 日到 1992 年 12 月 31 日征收金额的 25% 将与利息一起返还支付附加费的各个生产者。

——1996 年，如果协议州无法在 1996 年 1 月 1 日之前做好所有废物处置的准备，该州应当在废物产生者或所有人的要求下，取得废物的所有权，并且对废物负责。

3.3.3　高放废物

自 20 世纪 50 年代核电产业发展以来，民用放射性废物的管理造成了许多棘手难题，让美国国会焦头烂额。这一问题在 70 年代末、80 年代初期已经非常突出。在核电发展初期，人们普遍认为，影响放射性废物处置的技术问题非常容易解决，并且如果有需要，到 70 年代也将会拥有充足的处置能力。但在随后 10 年中发生的事件证明，这些假设过于乐观，并导致公众的信心受到严重的打击，他们以前一直坚信联邦政府具备相应的能力以安全且永久处置这些废物。1971 年，人们就堪萨斯州莱昂县拟用作永久处置高放废物场所的计划进行了激烈的辩论，因为后续暴露出严重的技术缺陷，最终该计划被弃用。1973 年，汉福德大罐泄漏了 115 000 加仑[①]液体，引起公众关注。1976 年，人们反对在密歇根州拟议的场址，导致该计划搁浅。

---

① 1 加仑（美）=3.785 L。

3.3.3.1　高放废物处置政策演变

（1）由于政治原因放弃后处理

核电的发展需要满足一定的预期，即后处理行业将负责乏燃料的回收和处理。由于经济和政治原因，美国后处理行业没有按预期的方式发展。1976 年，3 个后处理厂的计划全部被放弃。对核扩散的担心，导致卡特总统无限期地推迟了民用乏燃料的后处理。新生的后处理行业就此扼杀在摇篮中。同时，公众对反应堆所在地不断增多的乏燃料库存感到担心。1979 年，华盛顿哥伦比亚特区上诉法院（明尼苏达诉 NRC 案）否决了一项"合理保证"，即在需要时将会提供处置设施。法院认为，NRC 相信没有理由表明，可以继续允许扩大现场乏燃料贮存。

（2）广泛认为联邦应负责

当时出现了一种广泛的认识，即认为联邦立法需要解决此问题，以及建立一个程序，解决对先前处置库选址工作缺乏信心的问题。在第 96 届和第 97 届众议院（1979—1982 年）任期内，众议院和参议院通过了数项法案，旨在解决国内核工业面临的一系列问题，包括废物管理。当年所做的许多工作，包括审议《安德森法案》，直到今天仍然受用。在这一系列活动中，迎来了 1982 年《核废物政策法案》。

根据亚利桑那州议员莫里斯·乌达尔（Morris K. Udall）的提议，众议院能源小组委员会和内政与岛屿事务环境委员会负责确立《核废物政策法》的最终版本。乌达尔是这两个委员会的负责人，同时继续监督该法案的执行情况。众议院军事委员会修改了该法案，澄清了计划主要适用于民用核废物，而不会干扰国防废物计划。参议院以前通过了类似的法案，随后接受了众议院的版本（H.R.3809），1982 年 12 月法案获得两院通过。

1983 年 1 月 7 日，里根总统签署了 1982 年《核废物政策法》。该法律首次确立了一项国家政策，主要管理高放废物的贮存和处置，同时制定了逐步实施程序，用于在 1998 年以前确定和开发一个合适的场址，以便永久且安全地处置高放废物。

（3）5 年后修订，确定唯一场址

在美国能源部执行《核废物政策法》引起巨大争议后，1987 年《核废物政策修正法案》对该法进行了大量修改。根据修正法案，美国能源部唯一考虑可以用作永久性高放废物处置库的候选地点为内华达州的尤卡山。如果该地点无法获得许可，美国能源部必须请国会给予进一步的指示。

（4）换届无进展，再次修订

因政府换届，奥巴马政府中止了尤卡山项目，尤卡山项目停滞不前。2017 年特朗普上台后，打算重启尤卡山项目。美国众议院于 6 月 28 日以 49∶4 的票数通过了国会两党旨在推动尤卡山处置库项目的 2017 年《核废物政策修正法案》（H.R.3053）。新的法案对内华达州政府做了一些妥协。经全体委员会审议批准，2017 年《核废物政策修正法案》不再包含能源部取代内华达州政府负责监管处置库工作地区的水和空气质量的规定，该条款是由伊利诺伊州的共和党人兼环境与经济小组委员会主席 John Shimkus 议员和新泽西州全体委员会高级民主党人 Frank Pallone 提出来的修正意见。

3.3.3.2　高放废物处置政策

（1）1982 年《核废物政策法》

高放废物包括民用和军用的乏燃料、超铀废物和副产品材料。建立一个或多个处置库选址的程序，主要用于永久性深地质处置高放废物和乏燃料。首次执行截止时间预计为 1998 年，第二次执行截止时间如果国会批准，预计为 2006 年。作为处置库候选场址的州需要开展公众参与，并且与州官员（或受影响的印第安人部落领导）进行磋商。规定废物产生者和所有者有责任支付废物处置的费用。规定联邦和州政府间处置高放废物时的关系。要求能源部向国会提交一份提案，即开发一套监测临时可回收废物贮存（MRS）系统。授予能源部领导机构责任（新成立民用放射性废物管理办公室），并与核管理委员会、国家环境保护局、环境质量委员会（CEQ）和美国地质调查局（USGS）协商。保留 NRC 许可规程，并且处置库建设和运营需要取得许可。

该法案进一步规定：NRC 认为符合要求的公共设施可用于有限地临时存储联邦的乏燃料。贮存和处置服务的融资机制由能源部设定，初始定价为 0.001 美元/（kW·h）。处置库也可以用于处置与国防有关的高放废物，允许提供满足此目的的单独设施（需要在单独的法定授权下提供此设施）。NRC 的作用非常有限。NRC 必须在合理的范围内利用能源部开发的数据库。

（2）1987 年《核废物政策修正法案》

除选定尤卡山为唯一候选场址外，还授权建造 MRS 系统，以贮存乏燃料，在整备后运送到处置库。但是由于担心 MRS 系统会减少开发永久性处置库的需求并成为事实上的处置库，法律禁止能源部在向总统提交建设永久性处置库的建议前选择 MRS 系统场址，并且只有在尤卡山得到建造许可后才可以建造 MRS 系统。对处置库的建议是在 2002 年 2 月提出的，但能源部并没有公布为 MRS 系统选址的计划。

（3）2017 年《核废物政策修正法案》（H.R.3053）

该法案对内华达州政府做了一些妥协，不再包含 DOE 取代内华达州政府负责监管处置库工作地区的水和空气质量的规定。该法案还将授权 DOE 在 NRC 对尤卡山处置库授予许可证之前承包永久关闭反应堆的乏燃料的中间贮存。然而，正在运行反应堆的乏燃料的中间贮存还要等到 NRC 对尤卡山处置库授予许可证之后。此外，该法案还规定，在国会拨款之外，还将在核废物基金中提取一定的比例用于尤卡山项目。例如，根据该法案，自2017 年起，当尤卡山接收第一批废物时，DOE 将会收到 1%的核废物基金，在之后的 25年里每年还会收到基金资金。该法案维持了现行政策中对第二座处置库项目的要求。但是法案提高了尤卡山处置库处置乏燃料量的法定限值，从 7 万 t 提高到了 10 万 t。

3.4 管理实践

3.4.1 低放废物

1980 年《低放废物政策法》的最大缺点是，没有确保遵守法令目标所需的足够有效的激励。1985 年颁布《低放废物政策修正法案》后，关于"附加费、罚款和取得所有权"的规定似乎是有效的激励。截至 1985 年，国会批准了 7 个协议州。截至 1992 年，在修正案通过之后，国会一共批准了 10 个协议州，涉及 42 个州和 10 个独立州（包括波多黎各和哥伦比亚特区）。虽然从数量上来看，修正案通过以来仅增加了 3 个协议州，但该数量不能反映现有协议州和不结盟州发生的激烈活动。例如，自修正案通过以来，有 7 个州从一个协议州转移到另外一个协议州，而且 4 个不结盟州加入了新协议州。该修正案还解决了哪些人对协议州拥有最终权力的问题。国会不仅要批准每个协议州，而且修正案还要求国会每隔 5 年对协议州进行一次审核。法律还规定如果违反州或联邦法律，国会随时可以解散协议州。

（1）处置库迟迟建不起来

截至 1999 年，加入协议州或计划"单干"的州，进行了 10 个商业低放废物处置库的选址和开发活动，共花费了 6 亿美元，但这些活动没有一个获得成功。

至此，没有一个州再积极地尝试开发处置库。经过多年的努力和数百万美元的支出，那些开始选址以及申请许可和开发场址的州都已经停止了它们的计划。西南协议州曾距开

放处置库的目标最接近。加利福尼亚州作为东道主州批准了新建一个处置库。在进行了选址和场址调查后，许可申请就花费了约 9 300 万美元。但是，所选择的地点是联邦土地，内政部没有同意将土地转让给州。因此，加利福尼亚州的活动被无限期地搁置。伊利诺伊州在加入中西部协议州时，就确定了一个候选场址，但该场址最终被拒绝。随后，该州决定以大幅减少低放废物量为基础，将开发处置库推迟到 2010 年前后。在内布拉斯加州和得克萨斯州，州审批机构拒绝处理设施的许可证申请。内布拉斯加州选址花费了 9 560 万美元，得克萨斯州花费 5 200 万美元。东南协议州在选址上花费最多，花了 1.12 亿美元，它试图在北卡罗来纳州建设处置库，最终被停止。

（2）"不要建在我后院"现象

州际协议采用混合"公众参与"和"激励"模式来为处置库选址，这需要受影响的社区在处置库开发的各个阶段进行参与，并试图通过奖励的方式来促进对建设过程的接受。但是，美国各地的社区都不同意在其社区建设放射性废物处置库。这种现象被称为"不要建在我后院"（NIMBY）。参与 NIMBY 的人不仅限于环保或"无核"活动分子。虽然在所有当地空闲土地的使用决策中普遍存在 NIMBY 情绪（包括机场、监狱、固体废物焚化炉和垃圾填埋场），但是 NIMBY 情绪"对于危险废物和放射性废物来说是特别强烈的"。例如，对核废物处置库的态度词汇联想调查结果显示出"普遍的恐惧、厌恶和愤怒的情绪"。各州投入了大量的时间、精力和金钱来平息强烈的 NIMBY 情绪，这种情绪在只要提及核废物时就会迅速体现出来。例如，纽约为预期的处置库东道社区提供了价值约 200 万美元的一揽子奖励措施，还承诺保留开放空间，并为当地创造工作机会。然而，没有一个社区愿意建立低放废物处置库。

（3）协议州内部矛盾激烈

因为州政府官员无法安抚 NIMBY 活动分子，并且担心任何对潜在低放废物处置库所在地的宣布都将引起遍及全州的关注，所以他们希望其他协议州成员来建造处置库，从而能履行 1985 年《核废物政策修正法案》规定的义务。协议签署方之间的关系往往是合作的，直到一个州被其他州选定来建造低放废物处置库。此时，被选中的州要么退出，要么被除名，或者提起诉讼，目的是阻止该协议的决定。

协议州内部不和的一个例子是内布拉斯加州对中西部协议提起诉讼。内布拉斯加州被选定建造处置库后，迅速启动了多项诉讼。在内布拉斯加州诉中西部协议州委员会案中，内布拉斯加州声称，"中西部协议"没有权力强制设定开发处置库的最后期限。具体来说，它不同意中西部协议州委员会决定采取行动强制设置选址最后期限的做法。第八巡回上诉法院做出了有利于"中西部协议"的判决，但承认只有予以缓和之后，"中西部协议"才能提出额外的行动来强制内布拉斯加州履行义务或撤销其成员资格。法院指出，撤销一个州的会员资格是毫无意义的，因为它没有为建立处置库提供任何帮助，因此"类似于通过杀死病人来治愈疾病"。内布拉斯加州要求最高法院复核第八巡回上诉法院的决定。然而，在最高法院可以批准或否认该复审令之前，内布拉斯加州和中西部协议州委员会达成了经法庭认可的解决办法。内布拉斯加州同意撤回其最高法院的上诉和中西部协议州委员会的1.4 亿美元和解方案。随后内布拉斯加州终止其在"中西部协议"的成员资格，并结束了其低放废物计划。到 20 世纪 90 年代初，现有处置库所在协议州外的那些协议州仍不能符合《修正法案》规定的期限。在协议中进行合作的州仍然无法克服 NIMBY 的抗议活动。NIMBY 抗议活动使得各州不愿建造处置库，正如第八巡回上诉法院所指出的那样，协议内部的诉讼解决了被指定东道州的"疾病"，但也"杀害了病人"。浪费了数年时间，花费了很多金钱，许多州仍然没有更接近建设低放废物处置库的目标。

（4）纽约州起诉合众国案

纽约州是美国产生低放废物的大户，在拒绝加入协议州之后，纽约州决定在本州内选址并出资建设一个处置库，从而满足《核废物政策修正法案》的要求。像许多州一样，纽约州组建了一个低放废物选址委员会（N.Y.委员会）来监督选址过程。

N.Y.委员会的各项决定均受到了广泛的反对。例如，当纽约州威廉斯堡被确定为临时存储场址时，数百名愤怒的居民在市政厅和拟建的存储场址外抗议了多日。当纽约州宣布5 个潜在的地点作为永久性低放废物处置库时，反对的声音再次激增。州官员很快意识到，强烈的 NIMBY 情绪将使纽约州在 1996 年的最后期限无法完成低放废物处置库的建设。纽约州陷入了困境：从理论上来讲，它应该支持国会和 NGA 制订的解决方案，但是州官员不想承担所有低放废物的责任和义务。最终，州官员考虑到建设一个处置库所产生的负面公众影响，以及"取得所有权"条款的后果，因此决定在法庭上对《核废物政策修正法案》提出质疑，从而有了著名的"纽约州起诉合众国案"。

在"纽约州起诉合众国案"中，纽约州据称《核废物政策修正法案》违反了《宪法》第十和第十一修正案、第五修正案正当程序条款和保证条款。康涅狄格州、新泽西州和其他 15 个州提交或参与了由纽约州代表提出的起诉书。华盛顿州、内华达州和南卡罗来纳州加入联邦政府作为被告。纽约州北区地方法院驳回了纽约州的起诉。第二巡回上诉法院

确认了地方法院的判决。上诉时,纽约州限制了其上诉范围,指控只违反第十修正案和保证条款。最高法院批准了复审令。决议结果为 6∶3,法院裁定《核废物政策修正法案》的"取得所有权"条款违反了第十修正案。"纽约州起诉合众国案"是一项产生了重大影响的决议,但并没有解决美国的低放废物处置问题。没有一个州建成一个新的低放废物处置库,使得一些人认为这个决议是"好的联邦制,但却是糟糕的公共政策"。

(5)非公开地点临时贮存

"纽约州起诉合众国案"决议使各州处于窘境,即需要找到解决低放废物处置问题的办法,但缺乏克服 NIMBY 强烈抗议活动或执行州际协议决定所必需的方法。因此,越来越多的州转而采用最方便的解决方案:迫使无法支付处置费用的废物产生者将其废物贮存在非官方的临时存储设施中。

纽约州的经历就展现了这一困境。州官员对"纽约州起诉合众国案"决议的第一反应是试图与邻州谈判达成一个州际协议。当这一企图失败后,他们试图参与现有的州际协议。但因为其他州担心纽约州有大量的低放废物,以及与更大和更有侵略性的州签署协议所产生的不公正,使得纽约州这一企图不能成功。由于不可能使用州以外的处置库,以及 NIMBY 情绪阻碍了在州内建立处置库,州官员又陷入了困境。纽约州决定,其唯一的解决办法是将处置低放废物的责任转移给废物产生者。纽约州的废物产生者只有两种方式处置低放废物:可以花费大量费用将废物运到对外开放的处置库,或者可以将废物存放在现场。两种选择都不是可持续的。在南卡罗来纳州的 Barnwell 处置库于 2008 年开始仅限其协议州成员使用之后,唯一能接收纽约州低放废物的就是位于犹他州的 Clive 处置库。低放废物运输费用非常高昂,选择这种方式的纽约州废物产生者必须支付行程 2 250 英里①的运费。所有不能或不愿支付上述处置库费用的产生者,必须将废物存放在房屋内,并为临时贮存支付费用。这些临时存储设施缺乏官方处置库的适当监督和安全功能。仅在 2008 年,纽约州的 191 家低放废物产生者就在未公开的地点贮存了约 319 803 cu ft 的低放废物。

事实上,"纽约州起诉合众国案"决议以来的近 20 年,美国的低放废物问题变得越来越严重。1999—2003 年,低放废物的产生量增加了 200%。然而,处置能力依然保持不变。

(6)新建处置库缓解压力

位于犹他州的 Clive 处置库于 1988 年开放,接收化学危险废物,后用于处置 DOE 的铀尾矿,在 2001 年取得处置 A 类低放废物的许可证。该处置库的土地归其运营公司私有,

---

① 1 英里≈1.609 km。

能接收不能进入其他协议州处置库的 A 类 LLW 和混合 LLW。该处置库是市场行为，不是协议州制度的产物。

政府一直面临各方压力，直到得克萨斯州于 2012 年新开放了 Andrews 处置库，这一问题才得以缓解。这是美国近几十年来首座新建的能接收全部 A、B、C 类低放废物的商业处置库，它能接收其他 34 个州（无商业处置库的州）的废物，但废物在运输之前须获得得克萨斯州协议委员会的批准。Andrews 处置库的处置价格非常高昂，并且做出了许多限制。

3.4.2　高放废物

（1）九址选一，尤卡山为法定唯一场址

美国 1982 年《核废物政策法》指定能源部全面负责乏燃料和高放废物的处置工作，包括地质处置库的选址、建造和运行。能源部在 1983 年对高放废物最终处置库提出了 9 个预选场址，并于 1984 年对其进行了初步的环境评价，但完成最终环境评价报告的场址只有 5 个：汉福特、戴维斯峡谷、尤卡山、Lavender 峡谷和戴夫史密斯。能源部在最终环境评价报告的基础上，通过对比研究在 1986 年筛选出了 3 个候选场址提交总统审定，这 3 个场址分别是得克萨斯州的戴夫史密斯、华盛顿州的汉福特和内华达州的尤卡山，其中尤卡山排名第一位。

1987 年，美国国会通过《核废物政策修正法案》，指定尤卡山场址为唯一高放废物处置库候选场址，要求能源部对其场址特性进行评价并查明该场址作为地质处置库的适宜性。但是环评工作在 2002 年才完成。7 月 9 日，由总统推荐并经美国国会批准，尤卡山场址被确定为高放废物地质处置的最终场址。尤卡山处置库拟处置高放废物 70 000 t，其中商用废物 63 000 t、军用废物 7 000 t，计划于 1998 年建成运行，预算 962 亿美元。核电乏燃料由核电企业缴纳的核废物基金支付，国防高放废物则由能源部的国防核废物基金支付。

（2）递交申请，大幅拖延领罚单

2008 年 6 月 3 日，在大幅拖延后，能源部向核管理委员会递交了长达 8 600 页的尤卡山处置库建造许可证申请书。当时预计核管理委员会将通过 3～4 年的时间进行评估。如果通过核管理委员会批准，能源部希望处置库在 2020 年前投入运行，这比 1982 年《核废物政策法》中确定的 1998 年已经晚了 22 年。为此能源部将承担处置库延期开放而造成的约 85 亿美元的公共事业损失；这将是世界上数额最庞大的滞纳金，并且如果继续拖延，

滞纳金还会每年增加 5 亿美元。

（3）州府反对，奥巴马停止拨款

内华达州强烈反对尤卡山项目，声称尤卡山存在水源多、容易发生地震、火山、人为侵扰等问题。2009 年奥巴马当选美国新一届总统后，美国政府对尤卡山项目的态度发生了根本性转变，决定放弃尤卡山项目，由蓝带委员会负责寻找备选方案。2009 年 2 月，能源部在向国会提交的 2010 年财政预算申请中，除保留为 NRC 许可证申请审查的拨款外，取消了所有对尤卡山项目的拨款申请，同年 NRC 搁置了该申请的审查。

2010 年 3 月 3 日，能源部正式向 NRC 提交申请，撤销其于 2008 年 6 月提交的尤卡山处置库建造许可证申请书。奥巴马政府于 2010 年年底解散了民用放射性废物管理办公室，将其职能转交给能源部的核能办公室，并决定 2011 年及以后的年份，将不会向尤卡山项目提供资金，并且不会提供 NRC 许可。由于"预算限制"，2011 年 NRC 停止了进一步审批许可申请。

2013 年 8 月 13 日，联邦上诉法院裁决，强制 NRC 继续使用以前拨款执行尤卡山许可审批流程。NRC 发现，DOE 在 2008 年提交的环境影响报告书（EIS）中没有充分说明处置库对地下水或是地下水的地表排放的所有相关影响。因此，要求 DOE 更新处置库关闭之后地下水影响的分析。2015 年 2 月，NRC 根据 DOE 更新后的分析报告来制定审查报告的最后补充。

（4）遭到起诉，停收核废物基金

在奥巴马终止尤卡山项目后，代表国家公用事业监管机构的美国公用事业监管协会（NARUC）和代表核工业的核能研究所（NEI）分别于 2010 年 4 月 2 日和 4 月 5 日向美国上诉法院提出申诉，要求根据 NWPA 合同停止向联邦政府支付乏燃料基金。诉讼认为，联邦政府的核废物处置计划已经停止，每年不得收取约 7.5 亿美元的费用。美国能源部答复说，联邦政府仍然打算处理国家的核废物，费用必须继续征收以支付未来处置费用。

哥伦比亚特区巡回法院于 2013 年 11 月 19 日要求美国能源部停止征收乏燃料基金。法院裁定，美国能源部目前的核废物计划太模糊，7 万亿美元的费用计划的不确定性范围非常大，无法计算出合理的费用估算。根据法院裁决，美国能源部在 2014 年 5 月 16 日停止从核电公司征收乏燃料基金。

（5）更改政策，成立蓝带委员会

根据奥巴马的要求，美国能源部成立了"蓝带委员会"，职责是全面评估美国乏燃料与高放废物管理政策并提出建议，为政府决策提供参考。经过两年研究，蓝带委员会于 2012 年 1 月 26 日发布了最终报告。报告提出，美国能源部及其前身在过去 50 年的乏燃料与高放废物管理和处置工作中持续出现拖延、争端和政治带来的不确定性等问题，导致民众对国家废物管理计划的信心和信任不断下降。为此，报告建议"成立新的管理机构，代替能源部承担乏燃料与高放废物处理与处置工作"，迅速开始建设一个或多个处置库和综合贮存设施。委员会建议制定一个"大家认可"的流程，以选择核废物贮存和处置设施。基于这个建议，美国能源部委托兰德公司对新机构的组织模式、核心职责进行了研究。

2013 年 1 月，NE 根据蓝带委员会的建议发布了《乏燃料和高放废物管理与处置战略》，目标是实施一项可持续的计划，部署运输、贮存、处置乏燃料和高放废物的综合体系，同时提出了建立这一体系的保障措施。该综合体系由以下四部分构成：

1）中间贮存设施，用于解决核电乏燃料贮存问题，建设工作分为两个阶段推进。第一阶段：截至 2021 年，建成并运行一座容量较小的"中间贮存示范设施"（该战略未确定"中间贮存示范设施"的容量，由于 9 座已关闭核电站内贮存了约 3 000 t 乏燃料，因而预计该设施的容量为千吨级），主要接收贮存在已关闭核电站的乏燃料；第二阶段：截至 2025 年，建成并运行一座较大型"中间贮存设施"，容量 2 万 t 或更高，用于减少运行核电站内的乏燃料贮存量。

2）地质处置库，用于最终处置乏燃料和高放废物，将按照修订后的选址程序，重新开展选址工作。关于尤卡山场址，战略未提及，美国能源部未排除将其作为候选场址的可能性，但需重新执行选址和环评程序。建设工作分为三个阶段推进：第一阶段：2026 年完成选址工作；第二阶段：2042 年完成场址环评和处置库设计，并获得许可证；第三阶段：2048 年建成并投入运行。

3）乏燃料和高放废物运输，编制运输计划，开发运输容器，建立运输网络及应急响应能力，以便未来把乏燃料或高放废物运往中间贮存设施或地质处置库。

4）先进核燃料循环技术研究，尽管未来数十年仍将采取乏燃料直接处置策略，但为满足未来能源需求，实现防止扩散与乏燃料管理的目标，仍需继续开展先进核燃料循环技术的研究。

另外，保障措施包括三项：①修订选址程序：新程序将更注重相关州、地方政府和公众的意见，并参考本国和他国核设施选址经验；②建立新的管理与处置机构：新机构负责核电乏燃料处置之前的管理及所有乏燃料和高放废物的处置，国防高放废物处置之前的管

理工作仍继续由能源部负责；③改革"核废物基金"使用机制：美国《核废物政策法》规定，核电乏燃料处置由核电公司出资。交纳的处置经费纳入政府的"核废物基金"，必要时用于开展乏燃料处置工作。目前，该基金已拥有 280 亿美元，每年从核电公司大约可收取 7.5 亿美元。美国一系列拨款法对基金的使用作出规定，即采用年度拨款方式，纳入联邦预算，在"预算帽"内与其他优先项目竞争拨款额度。能源部认为这导致经费难以及时、足额拨付。改革目标是确保核电乏燃料处置工作所需经费能够及时、足额地拨付。主要内容包括：通过立法，使核电乏燃料处置工作所需经费可从核电公司当年交纳的乏燃料处置费中直接支付，无须通过国会审批；规定在开展建造处置库等重大项目时，除使用核电公司当年缴纳的经费外，还可使用本金。

（6）争议过多，两院意见不统一

对于奥巴马政府废物管理政策的改变，国会进行了大量辩论和一些立法建议，包括以下内容：

H.R.1364（Titus）/S.691（Reid）《核废物知情同意法》。禁止 NRC 批准建设核废物库，除非美国能源部部长已经与所在州和受影响的当地政府和印第安人部落达成协议。众议院法案于 2015 年 3 月 13 日推出，涉及能源和商业委员会。参议院法案于 2015 年 3 月 10 日推出，涉及环境和公共工程委员会。

H.R.2028（Simpson）2016 年《能源与水资源开发拨款法案》。包括授权向尤卡山核废物处置库和核废物研发提供资金。2015 年 4 月 15 日拨款委员会能源与水资源开发小组委员会通过草案，2015 年 4 月 22 日全体委员批准。2015 年 4 月 24 日众议院拨款委员会报告为原始措施（H.Rept.114-91）。2015 年 5 月 1 日众议院通过，票数 240∶177。

第 854 号决议（亚历山大）2015 年《核废物管理法》。建立独立的核废物管理局（NWA），建设核废物贮存和处置设施。这些设施的选址需要获得受影响州、地方政府和部落的同意。NWA 将需要准备一个任务计划，以便在 2021 年年底前为已关闭核电站和其他紧急交付的核废物（以下简称"优先废物"）开放试点贮存设施。供在运核电站或其他"非优先废物"使用的贮存设施，将在 2025 年年底前开放，并且到 2048 年年底将建立永久性处置库。目前，国家首个永久性处置库的处置限额为 7 万 t 将会废除。在法案通过后征收的核废物费，将在新设立的周转基金中运行。NWA 可以立即从该基金中提取执行第 854 号决议所需的任何数额费用，除非受年度拨款或授权的限制。该法案于 2015 年 3 月 24 日推出，涉及能源和自然资源委员会。

第 944 号决议（Boxer）2015 年《安全可靠的退役法案》。要求 NRC 在将所有乏燃料移到干法贮存区域前，满足永久关闭的反应堆充分安全和安保要求。该法案于 2015 年 4 月 15 日推出，涉及环境和公共工程委员会。

第 945 号决议（Markey）2015 年《干法贮存法案》。要求核电厂制订 NRC 批准的移除贮存池中乏燃料的计划。在提交这些计划后 7 年内，乏燃料必须转移到干法贮存设施。7 年之后，剩余乏燃料必须在确定足够冷却后 1 年内转移到干桶中。退役的反应堆紧急区域不能降低到低于 10 英里^①的半径，等到所有的乏燃料都放置在干法贮存区域中，NRC 将授权使用核废物基金获得的利益，向核电厂提供赠款。该法案于 2015 年 4 月 15 日推出，涉及环境和公共工程委员会。

第 1825 号决议（Reid）《核废物知情同意法》。禁止美国能源部部长利用核废物基金建设核废物贮存和处置设施及进行废物运输活动，除非已与受影响的州、地方政府和印第安人部落达成协议。该法案于 2015 年 7 月 22 日推出，涉及能源和自然资源委员会。

众议院一贯反对奥巴马政府放弃尤卡山所做的努力，而参议院通常对废物管理替代建议表示出强烈的兴趣。美国能源部按照新的核废物战略概述制定了综合废物管理制度，在 2015 财年拨款 2 250 万美元，申请 2016 财年拨款 3 000 万美元。2015 年 5 月 1 日，众议院批准为美国能源部和 NRC 拨款 1.75 亿美元，以继续执行尤卡山许可审批流程，但没有为美国能源部的综合废料战略提供资金。参议院拨款委员会于 2015 年 5 月 21 日批准其拨款法案草案，尤卡山项目没有获得资金，但授权建立临时乏燃料贮存设施。

（7）条件转好，特朗普打算重启

2016 年 5 月，NRC 发布了尤卡山处置库的最终补充环评，分析了其对地下水以及地表水的排放的潜在影响，确定所有影响都可以忽略。2017 年特朗普上台后，打算重启尤卡山项目。特朗普政府在 2018 年财政预算里显示，资助尤卡山项目 1.2 亿美元。2018 年 6 月 28 日，众议院拨款委员会对 DOE 2018 财年核能项目拨款 9.69 亿美元，比特朗普政府的预算请求高出 2.66 亿美元。在这项拨款中，1.5 亿美元用于重启尤卡山处置库计划，其中从核废物基金中提取 9 000 万美元、从 DOE 国防废物费中提取 3 000 万美元分配给 DOE 用于尤卡山处置库许可证申请活动；从核废物基金中提取 3 000 万美元分配给 NRC 用于对尤卡山处置库许可证申请进行审批。

2017 年 4 月，政府问责办公室评估了在奥巴马时期政府在尤卡山项目审管上损失的能

---

① 1 英里 = 1.609 344 km。

力，提出了恢复能力的条件。2017 年 6 月 28 日，众议院通过了 2017 年《核废物政策法修正案》，针对继续进行尤卡山项目进行了一些修订。

3.5 资金管理

美国放射性废物管理资金来源包括国防废物拨款和核废物基金（民用收费）。联邦政府产生或拥有的乏燃料和高放废物由政府支付处置费用。美国国会每年都从核废物基金拨款，再加上一个单独的年度财政拨款，用作国防乏燃料和高放废物的处置费用。能源部负责制订资金计划并向国会提出申请，国会经过评议后为军工核设施退役、高放废物库选址及建设等活动提供国防废物拨款。

商业核电站产生的乏燃料由废物产生者或拥有者支付处置费用，由核能用户提供（核废物基金）。《核废物政策法》规定，按照 0.1 美分/（kW·h）的费用筹集基金作为放射性废物管理基金。自基金于 1983 年成立以来，截至 2010 年 9 月，已累计超过 331 亿美元，花费约 76 亿美元，净余额约为 255 亿美元。

3.6 军工放射性废物管理

美国在 20 世纪开展的核武器研发、生产和核能研究活动产生了贮存在各核场址中等待处理的大量放射性废物。美国放射性废物管理政策、体系是通过制定法律来体现的。美国国会于 1954 年通过《原子能法》。该法确立了美国将商业利用核能，促进了美国核工业的发展。能源部的主要任务是推进美国国家、经济和能源安全；促进科学技术革新以支持这一任务；以及保证国防核武工业的环境清理。根据美国《原子能法》，能源部负责管理所属设施产生的放射性废物，并且能源部实施自身审管，即能源部自行管理所属的核设施和清除项目。

3.6.1 美国军工放射性废物管理体制

针对军工遗留放射性废物的管理问题，美国于 1989 年设立了"环境管理计划"，并在能源部下面成立了主管机构"环境管理办公室"负责该计划的开展。

环境管理办公室支持美国能源部的战略规划，环境管理计划是世界上最大规模的环境整治计划，初始估计需要 3 500 亿美元和 75 年才能完成。

3.6.2 美国军工放射性废物治理情况

自 1989 年设立环境管理计划以来，美国军工放射性废物治理共经历了三个阶段：第一阶段是 1989—1994 年，主要任务是针对曼哈顿计划和冷战时期核武器生产与核能研发活动遗留的军工放射性废物和核设施，通过鉴定和特性调查对各项内容潜在的环境污染风险等级做出鉴定；第二阶段是 1995—1999 年，开始对环境管理各核场址综合体进行环境整治工作；第三阶段是 2000 年至今，通过优化和改进当前的与长期的项目计划，提高效率和效益，以加快环境整治进度和节约成本。

环境管理计划在启动时负责美国 35 个州的 107 个污染场址的环境整治，总面积约为 3 100 mi^2 [①]。环境管理计划的任务还包括处理和整治 13 t 钚、108 t 钚和铀的残余物、34.8 万余 m^3 贮罐的放射性废液、2 400 t（重金属）乏燃料、15.8 万 m^3 超铀废物、140 万 m^3 低放/混合低放废物、450 个核设施、3 600 个工业设施和 900 个辐射防护设施。

至今，环境管理计划已经将覆盖面积减少了 90%，仅剩 11 个州内的 16 个场址还在进行环境整治工作，共计 300 mi^2（图 3-5）。

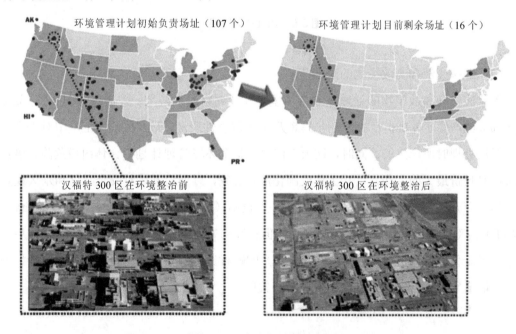

图 3-5 环境管理计划负责场址覆盖面积减少的示意图

---

① 1 mi^2 = 2.589 988 km^2。

3.6.2.1 美国军工放射性废物治理进展

截至 2015 年 10 月，美国军工放射性废物治理进度如下。

（1）场址关闭

环境管理计划在 91 个场址的整治和关闭工作中取得了重大进展（图 3-6）。核武器生产中作用较大的 5 个场址已经按照监管部门的审批进行了整治和关闭，包括洛基弗拉茨（Rocky Flats）、弗纳得（Fernald）、芒得（Mound）、皮内拉斯（Pinellas）和韦尔登斯普林（Weldon Spring）。86 个较小的场地也已进行了整治和关闭，并移交给了 DOE 的遗产管理办公室或另一联邦或州机构，以便对场址及其周围以及任何关闭的废物处置室周围的地下水、空气和土壤状况进行长期管理和监测。

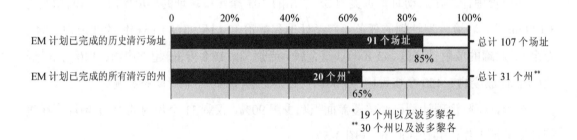

图 3-6　场址关闭进展

（2）贮罐废液和高放废物的处理

贮罐废液和高放废物的处理是 6 个环境管理计划整治任务之一，进展见图 3-7。美国能源部大约产生了 9 080 万加仑（约 34.8 万 m^3）放射性废液，是在核武器生产中对生产堆乏燃料后处理时所产生的。同时，这项工作也是整个环境管理计划综合体内最危险、最具挑战性且代价最大的工作，这一工作要固化液体废物，以便对其进行安全存储和永久性处置。尽管萨凡纳河场址已开始在国防废物处理设施（Defense Waste Processing Facility，DWPF）内对贮罐废液进行玻璃固化处理，但在废物处理厂（WTP）竣工并投入运行后，汉福特场址仍有 5 600 万加仑（约 21 万 m^3）的贮罐废液等待处理。在排空后，这些大型地下贮罐必须经监管部门批准后予以整治和关闭。

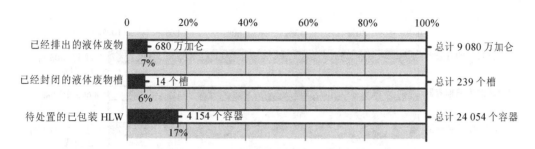

图 3-7　贮罐废液和高放废物的处理进展

（3）超铀废物、低放废物和混合低放废物的处置

环境管理计划的另一个整治任务是处置数百万立方米的放射性废物，进展见图 3-8。核武器的生产产生了被污染的诸如液体、服装、工具、破布、工艺设备、土壤和地下水等。另外，还有拆除剩余核设施所产生的废物。环境管理计划的目标是针对所有已贮存及新产生的放射性废物开发并实施安全、合规、经济的处置方式。尽管低放废物和混合低放废物的处置已取得了较大进展，但仍有许多整治工作有待完成。随着 1999 年投运了废物隔离中间工厂，超铀废物有了最终处置途径，而且环境管理计划正在积极进行 WIPP 超铀废物处置。

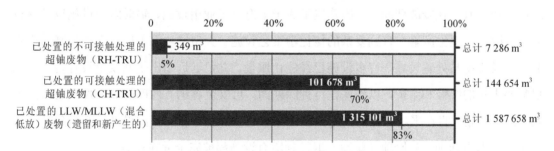

图 3-8　超铀废物、低放废物和混合低放废物的处置进展

（4）乏燃料/特殊核材料的整备

EM 计划的 6 个整治任务之一是整备乏燃料/特殊核材料（SNF/SNM），目前已取得了重大进展（图 3-9）。多余的武器材料（包括钚、铀和乏燃料）之前一直用于并存储在 DOE 综合体内。在冷战结束后，多数核武器生产综合体被突然关闭，此后，数千吨尚未完全处理的核材料留存在了那些不满足当前安全要求的老化和管理不善的设施内。EM 计划的整备方式是对核材料进行处理和安全地将其重新包装到专用的容器内，以保证长期贮存以待被最终处置。

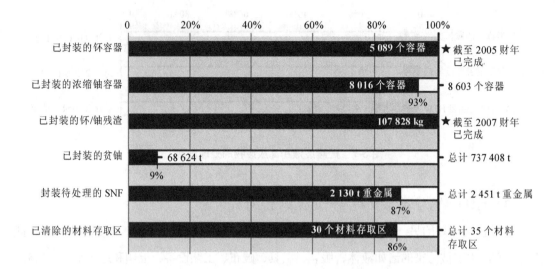

图 3-9　乏燃料/特殊核材料整备进展

（5）设施去污和退役

EM 计划的 6 个整治任务之一是对那些不再用于核武器生产的设施进行去污和退役，进展见图 3-10。在冷战期间，美国建造了成千上万座工业用设施、辐射防护设施以及核设施，规模从大型生产堆一直到复杂的核化学工艺设施、大型铀浓缩工厂、高危与高污染实验室以及支持与处置设施。许多设施已经停止服役，并已远远超出了其安全设计寿命，但仍需要大量的维修和维护，以确保在待拆除期间，可安全容纳其内部的放射性及有害污染物。EM 计划一直在采用积极的技术创新计划来退役那些停止服役的设施，其中包括一系列去污和退役选项、从原地（就地）退役到所有设施都被完全拆除和清理。

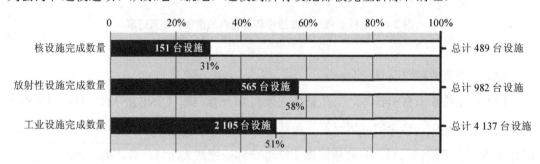

图 3-10　设施去污和退役进展

（6）土壤和地下水补救

土壤和地下水补救是 EM 计划的 6 个整治任务之一，目前取得了重大进展（图 3-11）。曼哈顿计划及冷战期间，60 年的武器生产期产生了大量受放射性污染的水和固体排放物，并释放到了土壤和地下水内。EM 计划已进行了污染源清理、周围受污染土壤清除、泵出和处理受污染地下水等作业。

图 3-11　土壤和地下水补救进展

3.6.2.2　汉福特场址退役治理情况

汉福特场址于 1943 年设立，旨在生产军用核材料，位于华盛顿州里奇兰德市附近，占地约 1 500 km²（旧址约 1 740 km²），包括哥伦比亚河在格兰特和富兰克林县境内的缓冲区，其中一些土地经过整治，成为私有土地，现为果园和灌溉地。

汉福特场址在建设时，被划分为不同区域，并标注了数字。这些区域的作用是划分生产堆、化学分离、制造和精炼特殊核材料，以及其他核活动的位置。在汉福特 100 区内的哥伦比亚河沿岸建立了 9 个生产堆。

1944—1989 年，汉福特场址产生了数百万加仑的高放射性和化学危险废物，这些废物通过地下输送管线泵送，随后贮存在地下贮罐中。罐区由 18 个不同废物贮存装置组成，其中包括位于中央高地内区的 177 个地下贮罐 [149 个单层罐（SST）和 28 个双层罐（DST）]。贮罐容量为 5.5 万～125 万加仑，总共含有过去后处理作业产生的约 5 600 万加仑的化学危险放射性废物。

贮罐废物整治是河流保护项目的一部分，在美国能源部河流保护办公室的授权下实施。贮罐废物整治重点是回取和处理汉福特贮罐废物并关闭罐区，以保护哥伦比亚河。

美国能源部河流保护办公室将通过以下方式降低贮罐废物造成的环境风险：

- 从 149 个单层罐回取废物，将其转移至 28 个双层罐内，并将废物送至废物处理和固化厂；

- 建设和运行废物处理和固化厂，安全处理罐区中包含的整个高放废物馏分，大约 1/3 的低放废物馏分将在废物处理和固化厂低放废物玻璃固化设施中处理；

- 开发和部署补充处理容量，以处理其余 2/3 的低放废物；

- 开发和部署废料预处理容量，以减轻钠处理问题，目标是通过减少污染物来将玻璃数量降至最少，这需要添加玻璃形成添加剂；

- 开发和部署潜在的接触处理超铀废物贮罐的处理与包装能力，同时现场贮存，然后进行最终处置；

- 在确定最终处置途径之前，为固化高放废物部署临时贮存容量；

- 关闭单层罐和双层罐罐区、配套设施及相关废物处理设施。

总体进度目标是到 2050 年年底完成回取、处理和关闭活动。一旦关闭活动完成，罐区将转为核设施去污和退役——汉福特场址剩余部分废物进行最终处置或长期管理。

3.6.2.3 萨凡纳河场址退役治理情况

萨凡纳河场址（SRS）位于南卡罗来纳州，覆盖艾肯县、巴恩韦尔县和阿伦达县，毗邻萨凡纳河，占地面积 310 mi^2。SRS 目前涉及 7 个联邦机构，有 6 个主要承包商，有联邦职员和承包商工人共约 11 200 人，每年经费约 19 亿美元。

萨凡纳河场址产生的乏燃料目前贮存在 L 区综合体（LAC），等待最终处置。自 1996 年以来，LAC 已接收了约 500 个容器装载的 10 000 多个乏燃料组件。

萨凡纳河场址的 K 区综合体（KAC）是美国能源部唯一的特殊核材料贮存设施，用于临时安全贮存钚和高浓铀。

萨凡纳河场址的两个化学分离厂被称为"峡谷"（屏蔽室），分别位于 F 区和 H 区。萨凡纳河场址分布着 51 个单壁和双壁碳钢贮罐，目前已关闭 8 个，剩余 43 个贮罐分别处于倒罐、清污和关闭的各阶段。截至 2016 年年底，贮罐剩余工作量见图 3-12。

图 3-12 贮罐剩余工作量

除放射性废液外，SRS 其他放射性废物还有固体低放废物（包括被少量放射性污染的防护服、工具和设备等物品）和超铀废物。SRS 有低放废物处置场，但某些类型的低放废物不适合在这里处置。2001 年 7 月，SRS 开始将这些废物运送到其他场址处理和处置，其中超铀废物送至废物隔离中间工厂处置。

3.7 启示与借鉴

（1）邻避效应影响放射性废物管理政策的实施

在美国，无论是低放废物还是高放废物处置库的选址计划都受到"不要建在我后院"现象的严重影响。政府制定的《低放废物政策法》及修正案中推出了协议州制度，并规定了十分详细的节点和奖惩措施，具有可操作性。各州也积极响应联邦法案，签订了州际协议并执行了大量的选址计划，共花费了约 6 亿美元。但最终因为公众反对等因素均以失败而告终。尤卡山处置库项目也因为内华达州的反对一直没有进展。

（2）政治体制导致中央不集权使得政策实施不畅

美国是联邦制，从立法上就体现出尊重各州自主权。在《低放废物政策法》的制定中可以看出，该国家政策不是由国家主持的，而是由全国州长协会组织起草的，代表了各州的利益。在政策执行不下去时，纽约州起诉了联邦政府，指责政策违宪，并获得最高法院的认可。结果导致几十年中没有完整的低放废物处置解决方案，大部分产生者将废物贮存在非公开的厂房里。

（3）政府换届导致高放废物管理政策几经变化

1987 年，《核废物政策法》确定了尤卡山为唯一的高放废物处置库场址，要求进行特性调查等进一步行动。截至 2008 年 DOE 提交了建造许可申请时，政府已经花费了 150 亿美元。但 2009 年奥巴马上台后，暂停了尤卡山项目，成立了蓝带委员会，提出了一系列备选方案。DOE 解散了民用放射性废物管理办公室，打算撤回许可申请，虽然 NRC 没有批准撤回，但因预算限制而暂停了审批程序。在各地按照新政策开发中间贮存设施时，于 2017 年上台的特朗普政府又打算重启尤卡山项目。政府问责办公室评估了在奥巴马时期政府在尤卡山项目审管上损失的能力，提出了恢复能力的条件。2017 年 6 月 28 日，众议院通过了 2017 年《核废物政策法修正案》，针对继续进行的尤卡山项目进行了一些修订。

第 4 章 ◇

法国放射性废物管理

法国拥有强大、成熟的核工业体系。截至 2016 年 12 月 31 日，法国共有 58 座核电机组在运行，总装机容量达到 63.13 GWe；有 1 台在建机组，装机容量为 1 750 MWe。法国实施核燃料闭路循环，乏燃料后处理能力和 MOX 燃料（混合氧化物燃料）制造能力居世界第一，阿格有两座大型后处理厂（UP2 和 UP3），乏燃料后处理总处理能力达 1 700 t/a，占世界总量的 57%。法国大型核设施很多，如两座高放玻璃固化工厂（AVH-R7，AVH-T7），大型核研究中心萨克莱、卡特拉希、封特耐欧罗兹、格雷诺布尔和 11 个研究堆等。现在，法国有 13 个实验堆和核电堆（其中 9 个是第一代气冷石墨堆）与马库尔后处理厂 UP1 等正在退役。第三代核电站 EPR 正在发展中。庞大的核工业体系产生了大量的放射性废物。

4.1 管理体系

4.1.1 顶层设计，体系完善

法国通过出台法律制定了放射性废物管理政策的整体框架，先后颁布了《1991 年 12 月 30 日关于放射性废物管理研究的 91-1381 号法》（以下简称《1991 年废物法》）和《2006 年关于放射性材料和废物可持续管理的规划法》（以下简称《2006 年规划法》）。其中，《1991 年废物法》把放射性废物管理局（ANDRA）从原子能与可替代能源委员会（CEA）中独立出来，统管全国的放射性废物；指出 ANDRA 有责任向公众通报放射性废物的相关信息，指定其进行全国放射性废物的存量统计，包括废物的类型、位置等信息；针对高放废物处置问题，提出了分离嬗变、深地质处置、长期贮存三个研究方向，并规定 15 年后做出决定。

应《1991 年废物法》要求，ANDRA 统计法国现存的放射性废物情况，并每年发布报告，直至 2002 年。1998 年，国家审查委员会（CNE）指出报告存在局限性，建议纳入放射性材料存量统计，并预测未来废物量。1999 年，法国政府采纳了 CNE 的建议，指出 ANDRA 应根据这些建议制定放射性材料和废物的存量，并对未来废物量进行中期和长期的预测。2000 年，ANDRA 向政府建议，制定放射性材料和废物现在及未来的国家存量报告，同时提出了存量的统计方法，后于 2001 年政府正式批准了该建议。2002 年，ANDRA 组织成立指导委员会，监督存量统计工作。2004 年，ANDRA 发布了第一版《国家放射性材料和废物存量》报告，并于 2006 年发布了第二版。

在 15 年研究的基础上，法国出台了《2006 年规划法》。该法重申了 ANDRA 向公众通告放射性废物信息的责任，并规定 ANDRA 应当制定法国放射性材料和废物存量的国家报告，并每 3 年进行更新。目前已分别发布了 2009 年版、2012 年版和 2015 年版。

《2006 年规划法》还规定由政府制定《国家放射性材料和废物管理计划》（PNGMDR），将放射性废物管理政策详细化、具体化。《国家放射性材料和废物管理计划》以国家放射性存量报告为基础，旨在制定放射性废物和可回收材料长期管理体系，对现有体系提出改进建议，组织对放射性废物管理进行研究和调查。该国家计划根据放射性废物管理的进展和各方的建议与意见，每 3 年进行更新。法国已先后于 2007 年、2010 年、2013 年和 2017 年共发布了四版国家计划。

2006 年，法国还出台了《核透明与安全法》（《TSN 法》），规定核安全透明和信息发布的相关政策。

《2006 年规划法》和《TSN 法》目前已纳入《环境法典》。通过法典化，对相关法律进行适当调整，使各法律之间能够形成统一整体，以便实施。

4.1.2 管理层级，划分明确

法国放射性废物管理体系有关立法、行政、审管、执行、咨询监督等机构职能如下：

（1）立法和行政机构

议会批准核法律，政府制定政策和颁发许可证，相关政府部门制定法规法令。

2012 年之前，工业部、环境部和卫生部联合管理核工业部，制定或起草法律法规，并经议会批准。2012 年之后，环境部改为生态、能源和可持续发展部，能源领域划归生态、能源和可持续发展部主管。2017 年，生态、能源和可持续发展部改为生态过渡部。

生态过渡部下属的能源与气候变化部（DGEC）负责具体制定放射性废物管理的有关政策（例如，《国家放射性材料和废物管理计划》）。

高等教育和研究部管理 ANDRA 和 CEA 开展的放射性废物管理研发活动。

（2）监管机构

国防核安全局（ASND）负责军用核设施和军事核系统的组织和监管、军用核设施全过程审批等。

核安全局（ASN）负责监管所有民用核设施和活动的辐射防护以及基础核设施的安全。

（3）执行机构

CEA 负责高放废物的研究、长寿命放射性元素的分离、嬗变和长期处置的研究。

ANDRA 负责法国国内所有军用以及民用核设施运营及退役产生的放射性废物的长期管理，开展高放废物的研究开发工作，包括处置库场址筛选、建造、运行、关闭及其相关研究。

（4）咨询监督机构

CNE 为咨询监督机构，负责放射性废物安全管理研究和开发计划的评估，并为议会和政府提供咨询；审查 ANDRA 的关键安全意见书，并向政府提供意见和建议。

核安全与辐射防护研究院（IRSN）是核安全局和国防核安全局的技术支持机构，承担军用、民用核设施的安全技术鉴定工作，审评相关报告和技术文件，制定核安全和辐射防护监管的政策、规章和技术标准等，并将最终审评意见和结论提交政府进行决策。

（5）费用管理机构

放射性废物管理资金由 ANDRA 负责。放射性废物管理经费由运营者承担，核电公司（EDF）、AREVA 和 CEA 这 3 个主要运营者建立独立的账户储备相关费用，并根据 5 年计划向 ANDRA 提供资金。

4.2 法律法规

CEA 的核设施退役活动在国家的法律框架内，通过专门的法规进行完善。2006 年 6 月 13 日关于核透明与安全的第 2006-686 号法令（《TSN 法》）以及 2006 年 6 月 28 日关于放射性材料和废物可持续管理规划的第 2006-737 号法令（《2006 年规划法》），是目前指导法国军工核设施退役及放射性废物治理的主要法律。法国核设施退役及放射性废物管理的法律法规见表 4-1。

表 4-1　法国核设施退役及放射性废物管理的法律法规

时间	法令	主题
1980 年 10 月 15 日	第 80-813 号法令	关于属于国防部长管辖的和遵守国防保密规定的环境保护类设施
1991 年 12 月 30 日	第 91-1381 号法令	关于放射性废物管理研究
1992 年 12 月 29 日	第 92-1366 号法令	详细说明适用于需要提供帮助的公众相关利益团体的要求
1993 年 7 月 16 日	第 93-940 号法令	涉及建造和运行地下研究实验室

时间	法令	主题
2001 年 7 月 5 日	第 2001-592 号法令	关于国防核设施和活动安全核辐射防护
2003 年 1 月 10 日	第 2003-30 号法令	关于批准国家放射性废物管理局为了向监测阶段过渡而修改位于 Digulleville 镇上的芒仕放射性废物处置中心
2006 年 6 月 13 日	第 2006-686 号法令	关于核透明与安全
2006 年 6 月 28 日	第 2006-737 号法令	关于放射性材料和废物可持续管理规划
2007 年 11 月 2 日	第 2007-1557 号法令	关于基础核设施以及核安全、运输和放射性物质监管
2010 年 12 月 29 日	第 2010-1673 号法令	关于保证放射性废物和退役管理资金的充足

法国没有专门的原子能法，但是制定了多项法律，以保证核安全和辐射防护安全。在法国颁布的多项法律和法令中，涉及放射性废物管理的主要有《1991 年废物法》《2006 年规划法》《核透明法》《TSN 法》、2007 年 11 月 2 日第 2007-1557 号法令（《BNI 程序法令》）、2012 年 2 月 7 日 "BNI" 指令，此外，还有环保管制设施（ICPE）和矿产的一些法律以及《公共卫生法典》的相关法律。

（1）《1991 年废物法》

1991 年 12 月 30 日，颁布第 91-1381 号法令。建立了放射性废物管理的法律框架，确定了法国放射性废物管理政策，包括确定 15 年的研究期、研究深层地质处置的可行性及逐步的核废物管理方法。与此同时，制定了一个在核废物法案框架之下的全面研发计划，包括 3 个研究方向：分离嬗变、地质处置和长期贮存，并将深地质处置可回收性纳入法律。

《1991 年废物法》将 ANDRA 从 CEA 中独立出来，成为具有公共性质的国家放射性废物管理机构，负责法国所有放射性废物的长期管理。《1991 年废物法》还确立了 CNE 的独立性，由 CNE 作为监督机构，负责对放射性废物管理的研究工作进行监督。

（2）《TSN 法》

2006 年 6 月 13 日，发布第 2006-686 号法令，该法令着重于核活动的透明性和安全性，为控制核安全和放射性环境保护提供了法律依据，尤其是确立了法国核安全局作为核监管机构的独立性。

《TSN 法》是法国 BNI 安全管理的法律基础，对适用于核活动及核活动监督的法律框架进行了深入的检查。该法令重申，环境保护的原则适用于核活动，尤其是污染者付费原则和公众参与原则。并再次主张辐射防护管理的三大原则：辐射防护正当化、辐射防护最优化和个人剂量最低化。该法案制定了许可证持有者对其装置安全性负主要责任的基本原则。法案中还包含了透明度方面的进步，例如，设立独立行政机构 ASN。该法案还考虑了

从国外立法检查中吸取的教训。

该法案赋予了由国家代表、当选官员和协会成员构成的 CLI 的法律地位。该法案认可各地域共同体，尤其是一般委员会（管理法国各部门的当选与会者）参与运营。同时，也承认其有可能加入各个协会，确保能持续提供资金。此外，该法案还设立了新的高级核安全透明与信息委员会（HCTISN）。HCTISN 是一个资讯、协调和议事机构，主要针对核活动的风险、核活动对人体健康及环境的影响、核安全等问题开展工作。HCTISN 可对这些领域的监管、信息通报等问题发表意见。可将公众核安全信息通报等问题提交给主管部门处理，可对提高透明度提出建议。

（3）《2006 年规划法》

2006 年 6 月 28 日，法国在进行了 4 个月的全国公开辩论后，颁布了《2006 年关于放射性材料和废物可持续管理规划的第 2006-737 号法令》，即《2006 年规划法》，也称为《废物法》，是法国目前和今后有关放射性材料和废物管理的基本法。该法涉及放射性材料和废物以及基础核设施最终停运和退役作业管理财政的法律框架。该法涵盖了所有的放射性材料和废物，着重于放射性材料和废物的可持续管理，并强化了法国放射性废物管理局对各类放射性废物的管理，并且针对尚无管理对策的放射性废物规定了开展研发调查的方向和目标。该法对乏燃料/高放废物处理处置的技术路线及方案等作了进一步明确规定，建立了一个系统以确保长期财务负债。因此，只要乏燃料后处理不依赖于运营技术，废物产生者必须设立资产，弥补未来的负债。作为预防措施，该法还规定，如果可回收核物质在未来可能视为废物，所有可回收核物质的业主应进行潜在管理制度的研究。除此之外，该法还重申严禁在法国处理国外废物。

（4）2007 年 11 月 2 日第 2007-1557 号法令（《BNI 程序法令》）

有关 BNI 和放射性物质运输核安全法规的《BNI 程序法令》修正案用以实施《环境法典》的第 L.593-38 条。该法令定义了 BNI 程序的实施框架，并覆盖了 BNI 从建造许可到调试再到最终停运及退役或关闭后的监控阶段（对于处置设施）的整个生命周期。规定了一般法规的采纳程序和有关 BNI 的决策的制定程序，规定了检查和行政或刑事处罚的实施办法。最后，该法令还规定了在 BNI 周界范围内应用某些制度的特定条件。

（5）2012 年 2 月 7 日 "BNI" 指令

根据《环境法典》第 L.593-4 条颁发的 "BNI" 指令规定了适用于 BNI 的基本要求，以维护《环境法典》中所列的权益：公共安全、健康和卫生条件；自然和环境保护。除了包括之前的 1999 年 12 月 31 日指令和西欧核监管协会（WENRA）参考水平中的一般原则（责任、管理、可追溯性等），该指令中还增加了一些有关包装的新要求：对于指定的包装的处置设施，要求应用验收规范；对于处置路线仍在研究中的废物：要求包装服从 ASN 的批准；对于遗留废物：要求尽快重新包装，这样可将废物放入处置设施中。

（6）ICPE 和矿产的相关法律

《环境法典》中，特别是在第五卷中，规定了 ICPE 的法律框架，涉及 ICPE 设施中的放射性废物管理。在法国，由政府监管污染和工农业风险的控制。在此范围内，法国制定了控制工业风险和妨害的政策。ICPE 和矿产的相关法律概括性地制定了一些标准，以确定设施是否会对邻近社区的舒适生活、公共健康、安全和卫生、农业、自然和环境保护或名胜古迹的保存造成危害或不便。

（7）《公共卫生法典》

《公共卫生法典》描述了所有"核活动"性质，也就是涉及个人辐照风险的所有活动，不管是由人工放射源释放的电离辐射导致的，还是由因放射性核素的放射性、裂变性或增殖性而被处理过或正在处理的天然放射源导致的。其中还包括为防止或减少环境污染相关事故发生后的放射性风险而设计的所有"干预措施"。

（8）《环境法典》

《环境法典》强调了法国放射性废物管理局的作用和责任。

4.3　管理政策

4.3.1　不同分类，各有策略

按照废物分类方法的不同，分别制定了详细的管理策略。首先，按照废物来源不同，对各种废物制定了管理策略。其次，根据《环境法典》定义，按照所含放射性的活度等级和放射性半衰期，将放射性废物分为 6 类：高放废物，长寿命中放废物，长寿命低放废物，短寿命低放、中放废物，极低放废物，极短寿命废物。

4.3.2　资金制度，保障完善

法国放射性废物管理采用"谁污染，谁负责"的原则，放射性废物管理的资金责任由

运营商负责。法国制定了相关政策，以保证未来放射性废物管理和核设施退役资金的充足可用。

运营商必须对其未来设施退役和放射性废物管理费用进行评估，在财务中建立相应的储备金，保证在未来退役和放射性废物管理中资金充足可用，防止将这些负担留给后代。这部分资金单独列出，不能用于运营商的其他目的，只有政府有权批准这部分资金的使用，确保在运营商破产等情况下这部分资金仍然用于核设施退役和放射性废物管理。运营商每3年向DGEC提交报告，说明核设施退役和放射性废物管理的长期费用及计算方法，以及为满足资金充足可用所采取的相应措施。每年向政府提供更新说明，通知修改的内容。

DGEC向ASN提交运营商的评估报告，由ASN进行审查。ASN将审查意见反馈给DGEC，由DGEC根据ASN的意见采取一定措施，必要时进行处罚。

政府对这部分资金进行监督管理，并对资金的管理做了明确的规定。根据《2006年规划法》，成立国家资金审查委员会（CNEF），对核设施退役和放射性废物管理储备金的管理情况进行审查和评价。

对于深地质处置库的研究和设计，通过向放射性废物产生者征收特殊税进行资助。为了支持ANDRA的研究工作，设立"研究税"和"设计税"，向BNI运营商征收。对于深地质处置库的建造、运行、最终关闭和维护监测，在ANDRA财务系统内建立一个内部基金，基金由BNI运营商的储备金提供资金。

4.3.3 信息透明，政策民主

法国的放射性废物管理在各级层面维持透明和民主。在制定相关法律和政策时，组织公众辩论，使公众了解相关信息并积极参与其中。规定在深地质处置库许可证申请前举行公众辩论。制定的政策由PNGMDR公开发布，使公众都能够了解国家放射性废物管理政策。

根据《2006年规划法》和《公共卫生法》，负责核活动的人员和公司，应当向政府部门提供并更新必要的信息资料，以使政府能够向公众保证信息透明。对运营商的任何不遵守情况应进行处罚。

在基层组织设立地方信息委员会（CLI），对核设施的运行情况等信息进行交流和沟通。高级核安全透明与信息委员会对核安全等问题的监管、信息通报等问题进行监督，将公众核安全信息通报等问题提交给主管部门处理，对提高透明度提出建议。

4.3.4　高放废物选址失败，出台法律解决

1979 年法国在 CEA 下设 ANDRA，开展高放废物处置研究。1983 年，ANDRA 开始选择场址，有 5 个候选场址。但是研究和试验遭到了很多抗议活动。1990 年，法国政府暂停关于高放废物处置的相关研究试验，并寻求解决方案。1991 年，法国颁布《1991 年废物法》，建立了放射性废物管理的法律框架，并积极开展放射性废物管理的研究，要求在 2006 年 12 月 30 日前通过一项法令，根据 1991 年之后的 15 年的研究情况，作出高放废物和长寿命中放废物的处置策略的决定。

法国于 1983 年依法成立的议会科学与技术选择评估办公室（OPECST），负责将科学与技术选择结果通报议会，便于议会明确作出决定。自从 OPECST 成立后，由于人们的关心，开展了大量关于放射性废物管理的研究。在寻求放射性废物解决方案时，OPECST 认为，需要一个放射性废物管理的总体框架，协调所有放射性废物的管理，而不管放射性废物是如何产生的。特别是要确定相关的优先事项，以保证放射性废物的安全管理和资金支持。因此，2000 年 OPECST 建议政府制订国家放射性废物管理计划。

2005 年 3 月 15 日，在议会科学与技术选择评估办公室评价 CEA 和 ANDRA 自 1991 年来的研究成果后，发布了《放射性废物管理研究现状与展望》报告，并在报告中建议将《国家放射性材料和废物管理计划》作为放射性废物管理的总体框架，纳入法规。

2006 年 6 月 28 日，法国颁布《2006 年规划法》，其中规定，由政府制定国家计划，并且每 3 年进行更新。

4.3.5　制定过程

4.3.5.1　前期工作充足，两部门联合起草

2003 年上半年，ASN 组织多次会议，对国家放射性废物管理计划的可行性进行讨论。2003 年 6 月 4 日，当时的环境部在政府内阁会议上正式宣布，将起草国家放射性废物管理计划。此后，环境部组织负责起草报告的工作小组举行了多次会议，讨论起草国家放射性废物管理计划。2004 年 9 月，环境部起草了第一版的《国家放射性废物管理计划》（PNGDR-MV）。2005 年年初，在考虑所有参与人员反馈意见的基础上，起草了第二版。

在 2006 年出台了《规划法》，要求由政府制定《国家放射性材料和废物管理计划》，并于 2006 年 12 月 31 日前完成第一版正式国家计划。法律颁布后的第一版正式国家计划，

是由 DGEC 和 ASN 联合组织起草的，是在 2003—2006 年工作的基础上完成的。

4.3.5.2　充分体现民主，成员来自各方

《国家放射性材料和废物管理计划》的具体起草工作由负责制定的工作组进行。工作组成员由多个组织组成，包括废物产生者、ANDRA、监管机构、行政管理部门、议会、环保协会、其他工业部门、技术支持机构、CNE 等其他组织或机构成员。

最近一次于 2017 年 4 月 21 日举行工作组会议。各组织机构每次参加工作组会议的人员数并不一定，但大致相同。

4.3.5.3　多次会议商讨，议会通过批准

工作组每年举行 3～5 次会议，就放射性材料和废物管理相关的专题技术进行交流。工作组通过交流，讨论《国家放射性材料和废物管理计划》以及实施法令的实施情况，互相通报有关放射性材料和废物管理的各种事项，在此基础上，提出制订国家计划的意见和建议。在此基础上，起草《国家放射性材料和废物管理计划》草案。根据《2006 年规划法》规定，该草案提交议会，再由议会交给科学与技术选择评估办公室审核。议会审核通过后，由 DGEC 和 ASN 发布《国家放射性材料和废物管理计划》。

4.3.6　国家政策

根据《2006 年规划法》第 6-i 款（《环境法典》第 L.542-1-2 款）的规定，《国家放射性材料和废物管理计划》应当说明目前放射性材料和废物的管理模式，对现有的放射性物质和废物管理模式进行评估；识别并列出未来贮存或处置设施的可预见要求，详细说明这些设施所需的容量及相应的贮存时间要求；对于没有最终管理模式的放射性废物，确定要实现的目标。根据《2006 年规划法》所述的研究方向，《国家放射性材料和废物管理计划》组织实施放射性材料和废物管理的调查和研究，规定实施新管理模式的最后期限，设立设施新建或改造的要求，以实现《2006 年规划法》的目标。

（1）主要指导原则

《2006 年规划法》确定了《国家放射性材料和废物管理计划》的原则，一方面符合废物管理相关的一般原则；另一方面符合辐射防护相关的一些原则。这些原则经过利益相关者的检查。指导原则有：通过乏燃料后处理、放射性废物处理和整备等措施，减少放射性废物量和毒性；在处理前对放射性材料进行贮存，在最终处置前对放射性废物进行贮存；在贮存之后，对于因核安全和辐射防护原因不适合在地表设施进展处置的最终废物，采取

深地质处置。对于放射性废物管理，其他原则为：遵守辐射防护原则（辐射实践正当化、辐射防护最优化、个人剂量当量限值）；防止或限制废物的产生量和毒性；废物产生者负责处理产生的废物，以保护环境和公众健康；信息向公众透明，并与公众积极沟通；废物管理要具有可追溯性；在整体管理风险优化中适当考虑与放射性废物运输有关的危害；确定符合不同废物类别特征的长期管理体系，特别是关于迄今为止没有长期管理解决方案的废物的贮存和社区对"孤儿废物"的接收；对整个系统进行优化（成本/效益）和相关控制；根据优化考虑制定长期废物管理系统的监管框架；对相关方法和技术的进展进行量化。

（2）目标

《国家放射性材料和废物管理计划》的目标如下：确定放射性废物的明确定义，同时适当考虑具有天然放射性材料的变化（例如，增强型天然放射性废物）和某些不可再利用的放射性材料；为正在产生的每一类放射性废物寻求长期管理解决方案；解决历史遗留放射性废物的管理问题；适当考虑公众对放射性废物未来的担忧；确保放射性废物整体管理机制的一致性，无论放射性水平或所涉及的化学或传染毒性，特别是具有混合风险的放射性废物类别；在不影响每个废物产生者的主要责任的情况下，优化废物产生者场址的废物管理，包括核工业、使用特殊天然放射性材料的其他常规工业、涉及使用放射性废物产生源的活动、相关医疗部门、来自污染场址的土壤和瓦砾以及采矿业（特别是铀矿）等；确保放射性废物管理与污染场址环境整治有关的做法保持一致；分析过去的放射性废物长期管理解决方案，如果需要对放射性废物管理方案进行改进以不断提高放射性废物管理的透明度、严谨性和安全性，检查改进措施的正当性。

为了实现上述这些目标，需要全国多方人士的交流和讨论，还需借鉴国际经验，从中制定放射性废物管理政策的主题，特别是确定目前仍缺乏合适解决方案的放射性废物的长期管理的场址和资金。

（3）范围

在最初，法国计划制定的是放射性废物管理的国家计划，放射性材料没有纳入其中。在 2005 年 3 月 15 日的报告中，OPECST 在描述国家计划中添加了可回收放射性材料，以消除放射性废物管理的一些遗漏。但是，国家计划制定工作组的一些成员认为，应当将这些可回收材料视为放射性废物，纳入管理计划中，并进行专门处理；如果将这些材料描述为可回收材料，可能会影响未来核能源政策的决定。最终，国家计划制定工作组考虑了放射性材料的存在，并建议使用特定的长期管理解决方案，以考虑这些材料不进行回收利用

的情况。在国家计划中纳入了放射性材料，但并没有将其描述为可回收材料。因此，最初的《国家放射性废物管理计划》（PNGDR）现在称为《国家放射性材料和废物管理计划》，并且此名称与 ANDRA 发布的《国家放射性材料和废物存量》的名称一致。

因此，《国家放射性材料和废物管理计划》适用的范围为：核活动（由于涉及放射性的存在而受到监管的活动）产生的一切废物，以及可能被放射性污染或由于核活动而被活化的废物；所有由涉及操作放射性材料但豁免监管控制的活动产生的废物，包括具有显著放射性浓度或大量体积的废物，以及需要特殊措施处理的废物（如烟雾探测器）；所有含有天然放射性的废物，这些废物的放射性可以不需要放射性材料而在人类活动后得到增强，以及一些由于放射性浓度太高而不能从辐射防护的角度忽视的废物；环境保护类设施进行铀矿石加工所产生的所有残留物；所有放射性材料。这些材料主要包括同位素浓缩厂产生的贫化铀，以及从核反应堆卸载的乏燃料以及乏燃料后处理提取的裂变材料（铀和钚）。

（4）计划内容

根据《2006 年规划法》的规定，《国家放射性材料和废物管理计划》应当说明目前放射性材料和废物的管理模式，对现有的放射性物质和废物管理模式进行评估；识别并列出未来贮存或处置设施的可预见要求，详细说明这些设施的所需的容量及相应的贮存时间要求；对于没有最终管理模式的放射性废物，确定要实现的目标；需要开展的放射性材料和废物管理的调查和研究，规定实施新管理模式的最后期限，设立设施新建或改造的要求。最初，《国家放射性材料和废物管理计划》不涉及资金问题。欧盟委员会第 2011/70 号指令中规定，成员国制定的放射性废物管理计划中应当包括放射性废物管理的成本和资金情况。因此，自 2012 年开始，放射性废物管理的成本和资金情况纳入《国家放射性材料和废物管理计划》内容。

在最新的 PNGMDR 2016—2018 中，首次加入关于放射性废物管理的环境评价的主题，以更全面地解决放射性废物管理问题。环境评价对实施《国家放射性材料和废物管理计划》的可能环境影响进行评价，使工作组在制定《国家放射性材料和废物管理计划》时能考虑环境因素，从而避免和减少《国家放射性材料和废物管理计划》中出现对环境具有负面影响的措施。

因此，《国家放射性材料和废物管理计划》的内容主要包括以下几个部分：法国放射性废物管理的一般概况，主要包括：法国放射性废物的定义、来源、分类和存量清单；放射性废物管理的主要原则；放射性废物管理的法律框架；放射性废物管理的成本和资金情况；放射性废物管理的透明度。法国放射性材料和废物管理的背景情况、关键问题和范围。法国放射性材料和废物管理现状，主要涵盖矿产加工残渣、增强型天然放射性废物、极短寿命放射性废物、低放废物、中放废物，说明其目前的管理状况、处理技术、贮存和处置等情况。法国放射性材料和废物管理未来的需求和前景，主要针对长寿命低放废物（如石墨废物等）、长寿命中放废物和高放废物，说明当前面临的问题、采取的临时解决方案。

《国家放射性材料和废物管理计划》环境影响评价报告，对《国家放射性材料和废物管理计划》实施可能造成的环境影响进行评价，包括短期和长期的积极影响和消极影响。环境影响评价为单独的报告。更加详细的内容，可参见《国家放射性材料和废物管理计划》（2016—2018 年）。

《国家放射性材料和废物管理计划》每 3 年更新一次，最新版本的具体内容相比最初的版本也有诸多变化。其具体内容也会根据法国放射性废物管理的具体情况不断修改和更新。

4.4　管理实践

法国《国家放射性材料和废物管理计划》自颁布以来，在法国有效实施。废物产生者和废物管理研发机构，按照《国家放射性材料和废物管理计划》的建议，积极开展研究，采取措施，不断优化放射性废物的管理。

4.4.1　积极促进他国效仿

法国是世界上第一个制定《国家放射性材料和废物管理计划》的国家。法国为放射性废物管理制订的计划国家，受到欧盟委员会的高度赞扬。法国在欧洲范围内积极开展活动，以促进每个欧盟成员国起草放射性废物管理计划。欧盟委员会于 2011 年 7 月 19 日发布2011/70 号指令，规定成员国出台国家放射性废物管理计划。

4.4.2　充分体现公开透明

为了使所有的利益相关者更好地了解放射性废物管理的相关情况，《国家放射性材料和废物管理计划》工作组成员在 2014 年 6 月 5 日的会议上决定，将工作组会议的会议记

录公布到网上。2015年2月2日的会议也决定，根据《国家放射性材料和废物管理计划》进行的相关研究情况，除了可能影响《环境法典》第 L.124-4 条所述利益的情况，也将公布到网上。

每3年制定的《国家放射性材料和废物管理计划》在通过议会审查后，也会公开发布，使利益相关者和公众获取相关信息。

2015年2月2日，工作组第47次会议，放射性废物历史贮存调查和相关管理策略评估，Comurhex 厂放射性废物管理；2015年4月13日，工作组第48次会议，拆除产生废物的管理策略，Eurodif 厂 GB 1 拆除产生废物的管理程序，尾料的放射性评估和残留物处理铀矿加工残渣处理场相关的剂量影响；2015年6月8日，工作组第49次会议，正在运行的贮存中心的容量管理，放射性废物运输活动的管理，贮存设施的设计建议，长寿命中放废物的包装，乏燃料贮存的进展；2015年9月7日，工作组第50次会议，极低放废物回收，极低放废物管理的工业计划，废物管理研究的决定；2015年10月12日，工作组第51次会议，长寿命低放废物管理系统，PNGMDR 的环境影响评价，高放废物和长寿命中放废物的贮存；2015年12月18日，工作组第52次会议，1991年前国外乏燃料处理产生的放射性废物的管理；2016年3月14日，工作组第53次会议，Cigeo 项目成本；2016年9月16日，工作组第54次会议，环境机构的意见，工作组 2016—2018 年会议议程计划，LTECV 条例——放射性材料和废物的规定；2017年1月16日，工作组第55次会议，PNGMDR 2016—2018 规定的反馈，Cigeo 项目的安全选择文件（包括同行审查、设计研究现状和未来里程碑）；2017年4月21日，工作组第56次会议，EDF/AREVA/CEA 的放射性废物管理和退役策略，燃料循环策略的环境影响评价的范围和准则，关于修改 PNGMDR 结构的提议。

4.4.3 内阁颁布法令实施

《国家放射性材料和废物管理计划》经议会通过发布后，ASN 对《国家放射性材料和废物管理计划》进行评价，并给出意见。此后，政府颁布内阁法令，部署实施当前发布的《国家放射性材料和废物管理计划》，并说明相关规定。内阁法令由总理签署，生态过渡部部长、高等教育和研究部部长、国防部部长等副署。

相关实施法令包括：PNGMDR 2007—2009（2008年4月16日颁布第 2008-357 号法令）；PNGMDR 2010—2012（2012年4月23日颁布第 2012-542 号法令）；PNGMDR 2013—2015

（2013 年 12 月 27 日颁布第 2013-1304 号法令）；PNGMDR 2016—2018（2017 年 2 月 23 日颁布第 2017-231 号法令）。

　　ASN 还会不定期对《国家放射性材料和废物管理计划》进行评价，其意见作为下一次版本《国家放射性材料和废物管理计划》的参考。

4.4.4　专门机构进行评价

　　根据《2006 年规划法》的规定，由国家委员会每年对《国家放射性材料和废物管理计划》提出的有关放射性材料和废物管理的研究进行评价。因此，CNE 负责每年评价《国家放射性材料和废物管理计划》中有关放射性材料和废物管理调查和研究的进展情况（为区别《1991 年废物法》规定的 CNE，一般称之前的为 CNE1，现有的为 CNE2）。CNE 每年的评估报告提交 OPECST。

4.4.5　有条不紊执行计划

　　根据《国家放射性材料和废物管理计划》，ANDRA 在法国寻找能够满足长寿命低放废物处置的场址，目前正在进行选址调查。《国家放射性材料和废物管理计划》还建议对含镭废物和石墨废物的处理进行研发。ANDRA 正在对这类废物的上游分选和处理进行研究，以确定废物的处理方法，并在欧洲项目"Carbowaste"和国际原子能机构协调研究项目"辐照石墨的处理以符合废物处置接受标准"的框架下，举办了一些国际交流。

　　根据《国家放射性材料和废物管理计划》，ANDRA 进行高放废物和长寿命中放废物深地质处置研发和处置库建造，目标是在 2025 年投运深地质处置库。2013 年，ANDRA 组织了工业地质处置中心（Cigeo）深地质处置库的公众辩论。2014 年 7 月，法国启动 Cigeo 的设计工作。2016 年 7 月 11 日，法国国会通过法律，详细规定了拟建最终处置库即工业地质处置中心（Cigeo）的建设程序。ANDRA 预计将于 2018 年年底前向监管机构提交深地质处置库建造申请，2020 年开始建造工作，2025 年开始处置库试运行。

　　法国国家放射性废物治理的政策是，对放射性废物进行可靠、透明和严格的管理以保护人员、环境和减少下一代人的负担。退役活动中产生的放射性废物与运行中产生的废物以同样的方式管理。

　　为了解决 40 年来法国核工业发展产生的大量废物，尤其是高放废物以及公众对其长期管理问题的担忧，1991 年 12 月，法国议会通过了关于放射性废物管理研究的第 91-1381

号法令，要求对放射性废物，尤其是中高放长寿命废物管理进行的研究，该法提出了 3 个研究方向：①分离嬗变；②地质处置；③长期贮存。

放射性废物管理研究的第 91-1381 号法令规定，由 CEA 负责方向①和③的研究，即分离嬗变与长期贮存，并且对分离和嬗变废物中所含长寿命放射性元素以及这些废物的整备和地表贮存方法进行研究。ANDRA 负责长寿命高放废物深地质、可回取进行可行性研究，通过建造地下实验室，对黏土和花岗岩这两种地质环境进行研究。

围绕以上 3 个方向开展的研究于 2005 年告一段落，CEA 和 ANDRA 分别向政府主管部门提交了最终研究报告，2006 年年初，法国核安全局、国家评估委员会、经济发展组组织核能机构对研究结果进行了评估。在国内开展了为期 3 个月的公众辩论后，2006 年 6 月 28 日，法国议会表决通过了第 2006-739 号《放射性材料和废物管理规划法》，这也是法国第一次公开辩论后通过的法律。该法确定了所有放射性材料和废物研究的规划，并制定了国家放射性废物管理计划，计划每 3 年更新一次。废物管理计划由政府制定，以评估新的需要，并制定要达到的目标。目前，2012—2015 年的国家放射性材料和废物计划已经公布，这已是法国第 3 个国家放射性材料和废物计划。

按照第 91-1381 号法令的规定，由国内外科学家组成的国家评估委员会（CEN），负责对 CEA 和 ANDRA 的研究进行审查，并每年发表一份评估报告。

ANDRA 运营着 3 座工业设施。其中两座专门负责低放和中放短寿命废物（LLW/ILW-SL）：

- CSM，目前处于监督阶段的一座处置设施；
- CSA，一座在运处置设施，也由废物包装设施（筒压实、金属容器装料）和处置设施组成。

Cires（工业分类、贮存和处置中心）包括：

- 极低放（VLL）废物处理和包装设施；
- VLL 废物处置设施；
- 将 ANDRA 收集的废物，特别是医疗领域与机构研究产生的废物运往处理设施前的装运分类厂房；
- ANDRA 收集废物的贮存设施，该设施还不具备运行处置途径；
- 分类厂房和贮存设施于 2012 年试运行。

（1）MANCHE 处置设施中心（CSM）

MANCHE 处置设施中心（法语名称：Centre de Stockage de la Manche，CSM）由 ANDRA

管理，于 1969 年投运。该中心位于 Cotentin 半岛（诺曼底）的 Digulleville，距离 La Hague 乏燃料处理厂（AREVA）很近，到 1994 年 6 月 30 日停运时，已接纳约 527 000 m³ 的废物包。

　　一般设计原则是处理结构上或结构内的废物包，同时分别收集和控制可能接触废物包的各个水体的所有残留雨水。结构由多块混凝土板构成，废物包要么直接放在混凝土板上，要么贮存在这些混凝土板上修建的混凝土库中。结构在露天装载，而雨水则从结构周围收集，并经地下巷道的管网排放至附近的 AREVA NC 厂。通过直接堆放或在混凝土箱内处置废物包的决定取决于废物包的放射性活动和/或废物包的持久标准。处置场占地约 15 hm²，于 1997 年在专防渗水的排水组件或防渗层内盖上沥青膜。表土层植草有利于雨水蒸发，防止表土层顶层受到腐蚀。

　　2003 年 1 月，CSM 正式进入关闭后的监督阶段，而监督作业早在 1997 年就已启动。从运营阶段到监督阶段的过渡过程类似于核设施建立过程，包括公共听证。自 1997 年起，主动监督阶段包括下列任务：

- 检查处置设施是否处于良好运行状态，包括：
  o 表土层的稳定性；
  o 表土层的抗渗性；
  o 表土层和结构基础的渗水情况估计。
- 探测所有异常情况或发生变化的演变情况：
  o 地下水面的放射性和化学监测；
  o 停堆工况下或围墙内的辐射检查；
  o 大气污染检查；
- 跟进设施的放射性和物理化学影响。

CSM 影响评估是年度公开报告的主题，可以参阅 ANDRA 网站（www.andra.fr）。

　　每隔 10 年定期实施安全再评估。该中心最近一次安全评估由 ASN 于 2009 年 12 月进行。ASN 将涉及文件的相关结论通过信函形式于 2010 年 2 月 15 日公开。根据其拟用策略，考虑到表土层的演变情况，ANDRA 对三部分表土层的边缘周围的筑堤进行了加固。旨在评估下一次进入再开发阶段前近 10 年时间里的有效性。同时，ANDRA 应于 2015 年初期向 ASN 额外提交一份文件，以澄清涉及 CSM 长期演变的方方面面，该文件也是对 CSM 开发情况和相关状况（排水、路堤、表土层和监督）的说明。

有关 CSM 监测阶段的技术要求包括一份所有要长期归档的必要信息的清单。所有文件必须在适当的保存条件下安全归档，一式两份，分别保存在两处。编写用于保存处置设施记录的文件，并在法国国家档案馆存放一份复印件。该文件由两部分构成：摘要记录，共 170 页，介绍了该设施的历史和主要特征；详细记录，包括有关 CSM 建造、运行、关闭和安全的技术要求。

CSM 的地方信息委员会先后于 2011 年和 2012 年对 CSM 摘要记录进行了评估。此外，在 2012 年，还针对整个存储记录系统开展了 3 次信息搜索实践活动：两次 ANDRA 内部评估活动和一次国际评估活动，均有地方信息委员会加入。这些实践活动将导致所保存的文件有所变动，最突出的就是会在摘要记录和详细记录之间建立起作用更大的一种联系，但鉴于其量过大，该联系很难加以应用。

（2）LIL-SL 废物处置设施（CSA）

LIL-SL 废物处置设施位于法国东部 Aube 省的 Soulaine – Dhuys，于 1992 年 1 月投运，由 ANDRA 管理。得益于 CSM 的运行经验反馈，CSA 获得授权，可持有 100 万 m^3 的废物包。核场占地 95 hm^2，其中 30 hm^2 专供处置废物用。该设施不仅能实施处置作业，还涉及废物整备活动，包括将水泥浆注入 5 m^3 或 10 m^3 的金属箱中或 200 L 的压实桶内，然后用砂浆使其固化，再注入 450 L 的桶内。

处置结构由多个单元构成，每个单元中都放着废物包。所有废物装载作业均远离雨水进行。带金属封盖的废物包结构内要浇混凝土，而带永久性混凝土盖的废物包则通过在结构内填细砾石的方式稳定下来。结构一填满，同时废物包已固化，则在顶部上方用混凝土浇注一块封闭板，并在该板表面覆盖一临时性防渗层，直到用防渗黏土层构成最终表土层时才去除该防渗层。结构护墙由钢筋混凝土建成，表面覆盖一防渗聚合物层，此外，该护墙还有一个孔洞，以回收所有潜在渗水。

截至 2013 年 12 月 31 日，

- 已处置的废物总量达 280 000 m^3；
- 已关停 123 个结构，计划关停总量为 400 个。

若年交付量约为 15 000 m^3，同时处置设施的初始设计年输入量为 30 000 m^3，那么该设施可持续运行 50 多年。国家清单的数据显示，该设施宜接纳因目前授权的所有核设施的运行和退役而产生的低中放短寿命废物。

CSA 处置工况的灵活性有利于接收体积过大的废物包，进而使废物产生者能在剪切作业期间限制所遭受的剂量。由此，已处置 48 个压水堆顶盖，其中 6 个于 2013 年受到处置，此外，该处置作业由 ASN 审查并授权。ASN 已允许 ANDRA 处置密封源，前提是其半衰期比铯-137 短。该许可证明确了每个密封源的相关放射性核素的容许活动限制。

（3）VLL 废物处置设施（CIRES）

VLL 废物处置设施于 2003 年投运，容量为 650 000 m³，设于 Aube 省的 Morvilliers，距 CSA 几千米远。占地面积达 45 hm²。2013 年年底，该设施处置了约 252 000 m³ 废物。若已知该设施未来将达到的总计辐射能力，则其不受 BNI 规章制约，而是受 ICPE 规章约束。

该设施的设计原则同危险废物处置设施原则。废物必须呈固态，且不易发生反应。在适当考虑相关废物放射性活度的情况下，整备的唯一目的就是要防止放射性物质在运输和处置作业期间扩散。将废物置于活动屋顶下方由黏土构成的中空单元内，以免受雨水影响。铺上一层底膜，增强系统的防渗性。各单元装满后，用砂回填，再盖上一层膜，最后铺上一层黏土。运用检查井，检查该单元，尤其要检测是否存在潜在渗水现象。

同 CSA 一样，ANDRA 允许：在运行期间或关闭后的正常情况下，CIRES 的最大影响值达到 0.25 mSv/a。例如，预计 200 年后，正常情况下 CIRES 对各公共成员的影响为 $3×10^{-5}$ mSv/a。其他所有监测后场景（如道路施工或儿童游乐场等）的剂量估算值为 0.02～0.05 mSv/a。而对于 CSA，则考虑到了所有的有毒化学物质相关风险。

在还未收到任何法国有关 BNI 废物管理法规施行（废物分区的实施，无隔离阈值）的经验反馈时，CIRES 设计就已完成。从产生废物的运营者处接收废物的相关需求比设计阶段预测的需求更大。因此，ANDRA 对其方式进行了调整，以便使吸收量超过设计阶段提出的初始量（从每年 24 000 m³ 增至每年 35 000 m³ 废物）。

但废物流可能导致 CIRES（初始预期运行时间约为 30 a）的调控能力早于预期达到饱和。于是，开展了多项研究，以增大待处置废物的密度，充分利用处置单元，评估 VLL 金属废物回收系统的可行性。在 PNGMDR 框架范围内监测上述活动。特别需要提出的是，由于处置单元的充分利用，CIRES 的技术能力将高出其调控能力约 40%，这样一来，在调控变更的前提下，CIRES 饱和期将推迟。另外，也按 PNGMDR 给 Anadra 分派了任务，截至 2015 年 6 月底，提出一份综合工业方案，以满足对新型极低放废物处置能力的需求。

CSA 则致力于全面优化废物，进而开发了多种大型部件验收方案，无须进行切割以装

入标准包中。使用这些方案时，应考虑到各个废物管理阶段的各项问题，特别是安全、技术、经济和日程问题。按这一方式，在 CIRES 处置了 4 台来自 Chooz 核电厂的经核电厂核场全面去污处理的蒸汽发生器，使其从 LLW/ILW-SL 状态降为 VLL 状态（其中两台在处置设施内）。但该方案不能广泛应用于在运核电厂的其他所有蒸汽发生器上。但超大型废物存量使得 ANDRA 专为此类废物包设计了一个处置仓，应于 2016 年投运。

4.5 资金保障

法国放射性材料和废物的管理经费是在国家的监督下，根据污染者付款的原则，由运营者承担。因此，2006-739 号法律规定，核设施运营者应审慎对其设施退役、乏燃料和放射性废物管理的长期开支进行评估。运营者在设施运行期间应建立废物专项基金，通过建立专项基金确保资金安全。

由经济和能源部长组成的一个行政机构对以上活动进行监督。运营者每 3 年向该行政机构提交一份有关专项基金长期开支、管理方法、选择以及专项基金盘点的评估报告。

此外，基础核设施退役和乏燃料及放射性废物管理经费财政评估委员会对上述行政机构的监督进行评估，委员会每 3 年向议会和核安全透明和信息委员会提交一份报告。

（1）BNI 税

《TSN 法案》第 16 条规定，ASN 局长代表国家负责管理 BNI 税款［BNI 税款按照《2000 年财政法》（1999 年 12 月 30 日第 99-1172 号法令）第 43 条规定］的付款发票及结算单，2010 年的税收总计 5.846 亿欧元，计入国家总预算。

（2）放射性废物附加税

对于核反应堆和乏燃料处理装置，《废物法》还设立了三项 BNI 附加税，分别为"研究"税、"经济激励"税和"技术扩散"税，并将其分配用于资助经济开发行动及 ANDRA 关于废物贮存和深层地质处置设施的研究活动。

2013 年，这三项税收达 1.549 4 亿欧元。最后一项就是 2009 年 12 月 30 日第 2009-1673 法案针对处置设施设立的附加税。此税直接付给处置设施周围的各个市和社团合作公共机构。2013 年，由此税获得的收益达 330 万欧元。2010 年各单位附加税见表 4-2。

表 4-2 各单位附加税   单位：百万欧元

运营者	2010 年税额	
	BNI 税	附加税
EDF	5 436	12 172
AREVA	163	787
CEA	65	234
ANDRA	54	33
AUTRES	76	195
总计	5 794	15 824

法国 BNI 退役与放射性废物管理的经费制度在于，让产业运营者承担全部经济责任。BNI 运营者必须确定设施退役以及乏燃料和放射性废物管理的保守预估费用，也必须在自己的账目中留出特定准备金以及设立特定金融资产来提供这些准备金，并达成单独登记这些金融资产的谅解。

该专用资产组合的市场价值必须至少等于准备金的价值（运行周期涉及的费用，尤其有关现有设施或在建设施可回收乏燃料的管理费用除外）。即便在设立承责资产时未将乏燃料处理费归入其中，但也应将乏燃料处理产生的放射性废物管理费归入其中。自设施投运以来，便已存在包含提供准备金的义务。然而，自《废物法》实施日起，已经开始进入转型期，以便运营者制定自己的承责资产设立计划。这样可能保证这类长期费用的资金到位，同时防止这些负担落到纳税人或下几代人身上。为了防止或限制下几代人所需承担的费用，这些专用资产必须呈现充分的安全性、多元化和流动性。为了实现这一目标，规范条款必须就这些资产（特别就资产的类别和资产组合的多元化水平），规定明确的准入准则。

此外，上述预估费用所划拨的所有资产必须受法律保护，包括在运营者遭受经济困境（运营者破产）时也应如此，只要国家在履职过程中，就这些准备金，就要确保运营者遵守自身在退役和放射性废物管理上的义务。

法律也规定了基于监管权和执行权的国家管控，包括经费没收。国家管控须明确只在下列基础上生效：运营者每 3 年提交报告来说明退役活动和废物管理费用，以及运营者选择各种形式来针对相关财务费用筹措而相应划拨资产。在议会的鼓动下，也按法律规定创建了二级管控部门，即国家基础核设施退役工作及乏燃料和放射性废物管理费用财务评估委员会，以便评估行政管理部门的管控情况。

（3）地质处置研发和设计研究经费

ANDRA 为深层地质处置中心开展的研发和设计研究工作靠放射性废物产生者缴纳的税费来资助。"研究"税和"设计"专款将用于确保 ANDRA 的资金源。

"研究"税和"设计"专款金额的计算方式为，用一次性收费乘以调整系数。因此，按现有 BNI 来算，ANDRA 每年将收到 2 亿欧元以上。

4.6　军工放射性废物管理

法国 1945 年成立 CEA，开始研制核武器，并很快建立了比较完整的核军工科研生产体系。从 1945 年开始研制核武器到 1996 年停止核试验，法国产生了不少军工废物。1979 年，法国在 CEA 下设国家放射性废物管理机构 ANDRA，负责法国国内所有军民用核设施运营及退役产生的放射性废物的长期管理，并负责高放废物和长寿命中放废物的处置研究。1991 年，ANDRA 从 CEA 中独立出来，成为一个公共机构。

4.6.1　法国军工放射性废物管理体制

军工废物治理具体执行主要由 CEA/DAM 负责。DAM 不仅负责其下面研究中心的军工废物的管理，还负责之前由 AREVA 运营的场址的设施退役及废物管理（1976 年 CEA 进行改组后由 AREVA 代表 DAM 运营的一些军用设施）。军工废物的治理、设施的拆除和场址清污主要通过成立项目组进行管理。项目的具体工作承包给承包商。例如，在 Pierrelatte 铀浓缩厂退役项目中，CEA/DAM 成立指导委员会 "Defense-CEA"，负责整个项目的管理。

军工废物处置由 ANDRA 负责。ANDRA 制定废物处置标准。未达到处置标准或现在还未确定处置策略（含氚废物等）的军工废物贮存在产生场址内。经过处理达到处置标准的军工废物后送到 ANDRA 的处置库，由 ANDRA 进行处置管理。

4.6.2　法国军工放射性废物治理情况

根据 ANDRA 发布的国家放射性废物存量报告，法国军工废物量如表 4-3 所示。

表 4-3　法国军工废物统计（含国防部门中心的废物）　　　　　　　单位：m^3

	2010 年年底	2013 年年底
HLW	230	230
ILW-LL	3 000	6 200
LLW-LL	18 500	17 000
LILW-SL	60 200	61 000
VLLW	55 000	42 000

2010 年与 2013 年的变化，原因有运行废物、拆除废物、废物包装假设改变、包装工艺改进、废物类别的更改。

4.6.3　法国阿格厂放射性废物产生情况

2012—2017 年法国阿格后处理厂运行废物产生量见表 4-4。

表 4-4　2012—2017 年法国阿格后处理厂运行废物产生量

序号	包装形式	包装外容积/m^3	数量						废物类型	处理、处置方式
			2012 年	2013 年	2014 年	2015 年	2016 年	2017 年		
1	C0	0.26	1 009	778	845	752	756	676	低放	近地表
2	C1	0.66	198	222	197	205	181	179	低放	近地表
3	C2	1.18	118	98	88	68	71	76	低放	近地表
4	C2i	1.18	194	169	163	132	86	70	低放	近地表
5	CBF-K	4.9	18	6	14	8	11	10	低放	近地表
6	C'2	1.18	49	34	52	54	32	41	中放	暂存后地质处置
7	120 L 的桶	0.12	712	588	532	424	452	452	α 废物	暂存

注：未包括暂存的 UC-C（包壳和端头压缩饼容器）、UC-V（玻璃固化产品容器）以及可燃固体废物。

4.6.4　法国高放废液玻璃固化废物量

马库尔玻璃固化设施（AVM）于 1977 年 1 月开始运行，2012 年 12 月关闭，生产了 3 306 罐，共计 1 220 t 的玻璃产品。

阿格的玻璃固化设施（R7/T7）。用于处理阿格 UP2 后处理厂产生的高放废液，法国建造了 R7。R7 于 1988 年建成，1989 年投入热运行，对 UP2-400 和 UP2-800（UP2-400 扩建）后处理产生的高放废液进行处理。

为处理阿格 UP3 后处理厂产生的高放废液，法国建造了 T7。T7 于 1992 年 7 月投入

热运行，在玻璃固化工艺的各个方面（生产线数目、设备室布置等）完全与 R7 相同。

截至 2012 年年底，R7 和 T7 共计生产 16 885 罐，共计 6 555 t 的玻璃产品。

4.7 启示与借鉴

（1）中央集权，做好顶层设计

法国对放射性废物实施中央集权管理，从法律规定放射性废物管理政策的整体框架，到颁布《国家放射性材料和废物管理计划》作为法律的具体延伸，再到总理颁布内阁法令，来具体部署实施国家计划。这些均属于放射性废物管理顶层设计，国家意志明显。

（2）法律法典化的统一

法国对相关法律进行法典化编纂。《2006 年规划法》和《TSN 法》等都纳入了《环境法典》，通过法典化，对相关法律进行适当调整，使各法律之间能够形成统一的整体，以便实施。

（3）首例国家计划，引领发展趋势

法国是世界上第一个制订国家放射性废物管理计划的国家，并且实施效果良好。在法国典范的影响下，欧盟发布法令，规定成员国均应出台国家放射性废物管理计划。

（4）多个机构责任明确

法国对放射性废物的管理设立了多个部分，各部门责任明确。例如，在研究方面，明确了 ANDRA 负责研究高放废物深地质处置，CEA 负责分离嬗变研究；在监督方面，设立 CNE 负责对相关研究成果进行评估；设立 CNEF 对放射性废物储备金管理进行监督；设立 HCTISN 对信息透明执行情况进行监督。在实施方面，设立 ANDRA 负责对法国所有军工和民用废物进行长期管理。责任明确的机构设置，使放射性废物管理政策能够顺利实施，而且确保了政策的实施效果。

（5）多方参与制定体现民主，贴合实际、可行性高

制定《国家放射性材料和废物管理计划》的工作组成员来自多个组织机构，通过多次交流和讨论，不仅为统一各方的认识提供基础，使国家计划取得各方认可和接受，而且能听到各方的反馈意见，使内容具体且贴合实际情况、可行性高。

（6）公众参与和透明度高

法国出台的《TSN 法》规定了公众参与原则，提高了透明度；赋予了由国家代表、当

选官员和协会成员构成的地方信息委员会法律地位；设立了新的高级核安全透明与信息委员会。在制定相关法律和政策时，组织公众辩论，使公众了解相关信息并积极参与其中。规定在深地质处置库许可证申请前举行公众辩论。在《国家放射性材料和废物管理计划》的制定和颁布活动，都公布在官网上。

（7）法国成熟的核工业体系和技术为政策实施提供法律保障，使法国的核工业体系完整、技术成熟，使废物产生者有能力实现政策所要求的问题，从而为政策的实施提供有力的保障。

第 5 章 ◇ 英国放射性废物管理

英国是世界上第一个开发核电的国家。目前，英国有 10 座在役核电站，另有 9 座核电站已关闭。截至 2016 年 4 月，英国共有放射性废物 132 000 m³。在未来 10 年，英国的放射性废物以及设施产生放射性废物总量约为 4 360 000 m³，在 4 360 000 m³ 的废物中，超过 90%是低放及中放废物，大部分来自乏燃料后处理活动，即核电反应堆、核燃料制造与铀浓缩。

5.1 管理体系

英国的放射性废物管理相关执行、监管及咨询机构分工明确。

决策/主管机构包括能源与气候变化部（DECC），环境、食品及农村事务部（DEFRA）；咨询机构包括放射性废物管理委员会（CoRWM）；执行机构包括核退役管理局（NDA）；监管机构包括健康安全署（HSE）下属的核监管办公室（ONR）、英格兰和威尔士环境署（EA）、苏格兰环保局（SEPA）；科学研究机构包括英国地质调查局（BGS）、英国原子能机构有限公司（UKAEA）；非政府组织包括：威尔士辐射环境反对组织（CORE）；其他工业组织包括：核能行业协会（NIA）、塞拉菲尔德有限公司、英国能源公司、镁诺克斯合金有限公司。

自 1982 年起，英国各核电厂和政府成立了联合组织 Nirex，开展中放、高放废物的处置研究，并管理低放、中放射性废物。2007 年 4 月，Nirex 的人员和职能被整合到 NDA。

目前，英国大量遗留核场址的退役治理工作以及全国的放射性废物处置工作由 NDA 统一管理和执行。NDA 成立于 2005 年 4 月，是根据 2004 年能源法案建立的非政府部门公共机构，所需经费来自政府财政预算（由能源与气候变化部资助）和遗留核场址上的商业经营活动（如后处理和运输）。核退役局于 2014 年成立了放射性废物管理局（RWM）作为下属执行机构，与放射性废物的产生方合作，为放射性废物管理设计并建立安全、可获得公众接受的地质处置方案，并负责具体实施。

英国核监管局负责监管民用核设施及放射性材料运输的安全和安保工作，环保部门负责监管民用放射性废物的安全处置工作。放射性废物管理委员会作为一个政府咨询机构负责对英国放射性废物的长期管理计划进行独立审查并向政府提出相关建议。

英国负责放射性废物治理活动、审管和监督的政府部门和商业实体包括核退役管理局，贸工部（DTI），环境、食品及农村事务部，核监管办公室，放射性废物管理委员会等。

主要相关管理机构及相互关系见图5-1。

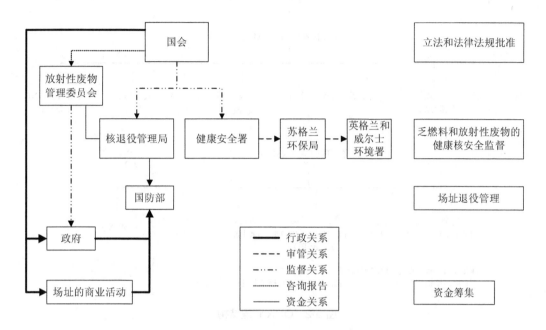

图5-1　英国乏燃料和放射性废物管理机构及相互关系

5.1.1　政策和立法机构

相关部门根据职能制定或组织起草法律法规，并经国会批准。如环境、食品及农村事务部负责放射性废物管理政策。

5.1.2　监管机构

5.1.2.1　核监管办公室

2014年4月1日，英国政府根据《能源法案2013》成立了核监管办公室，作为法定执政机关，是英国所有具有核许可证场址的安全监管机构。

（1）职责

ONR主要负责监管核安全和监督英国的安排是否符合国际安全保护承诺。

（2）组织机构

ONR管理结构见图5-2。

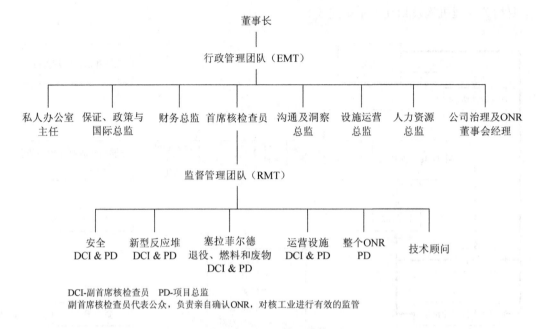

图 5-2　ONR 管理结构

塞拉菲尔德退役、燃料和废物部门负责包括塞拉菲尔德在内的 21 个核许可场址的监管，包括场址退役。该部门还监管其他 20 个核许可场址，其中超过 50% 的场址由 ONR 颁发许可证，并且该部门在地质处置监管方面进行指导，并参与协助核退役管理局向政府提出战略性建议。

（3）经费

ONR 的资金来源有两个：一是来自成本持有者的成本回收；二是来自英国就业与退休保障部门的拨款。

5.1.2.2　健康安全署

健康安全署是负责健康与安全监管的部门，其工作受健康与安全委员会的监管。健康安全署对核与辐射安全工作的监管由其核理事会执行，主要目标是确保被监管对象不发生重大核事故，集核安全、核保障和民用核安保的监管于一身，包括对核设施退役进行监管。

5.1.2.3　环保局

苏格兰和威尔士环境署、苏格兰环保局和北爱尔兰环境及遗产服务中心（EHS）统称为环保局，负责核安全监督、颁发核设施选址和运行许可证。放射性废物处置和气态或液态放射性物质排放都由环保局依据 1993 年《放射性物质法》的规定进行监管。

健康安全署与环保局存在监管职责上的交叉。2002 年 3 月和 4 月，健康安全署与英格兰和威尔士环境署及苏格兰环保局分别修订并重新签署了谅解备忘录，明确双方在监管中的主、次责任，以及对相互协作的考虑。

5.1.3　执行机构

5.1.3.1　核退役管理局

英国大量遗留场址的退役治理工作以及全国放射性废物的处置工作由 NDA 统一管理和实施。NDA 是根据 2004 年能源法案成立的非政府部门公共机构，成立于 2005 年 4 月。NDA 所需经费来自政府财政预算（由能源与气候变化部资助）和遗留核场址上的商业经营活动（如后处理和运输）。

（1）职能

NDA 负责管理和清理英国在 20 世纪 40—60 年代陆续建造的核设施。这些核设施分布在 20 个场区上，包括 30 座反应堆、5 座乏燃料后处理厂以及其他核燃料循环和研究设施。

（2）机构与人员

NDA 管理机构示意见图 5-3。

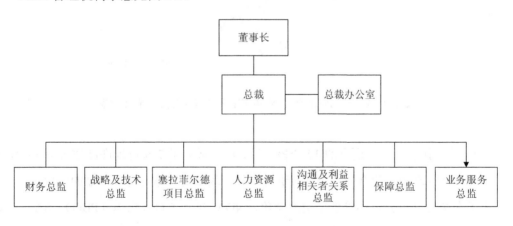

图 5-3　NDA 管理机构示意图

NDA 有 230 名员工，除了核专家，其他工作人员具备建造、财政、行政及顾问等方面的工作经验。

（3）经费

NDA 的经费来源有两个：一是政府的资助，即商业、企业和制度改革部的政府补助金；二是商业资产的所得收入加成，来自仍然在运行的两座镁诺克斯反应堆的电力销售、为英国能源公司和海外客户进行燃料生产和后处理服务以及核材料国际运输带来的收入。

NDA 每年运行成本需要 4 100 万英镑，2016—2017 财年的总计划支出为 32 亿英镑，其中 22.5 亿英镑是政府的财政补助金，9 亿英镑为商业运营的收入。预计 2016—2017 年的支出为：30 亿英镑用于场址项目；2 亿英镑用于非场址活动，包括技能开发、社会经济、研究和开发、保险、养老金成本、场址许可证公司的费用、地质处置实施费用以及 NDA 的运营成本。目前，关于英国遗留去污的费用估算大约在 1 170 亿英镑（1 610 亿已折现）平均分配在接下来 120 年左右。每年在该项目上的费用分布见图 5-4。

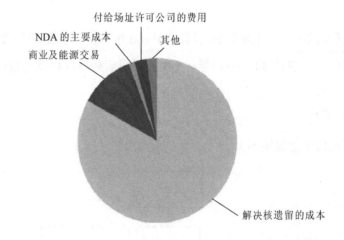

图 5-4   2015—2016 年度 NDA 花在核遗留问题上的费用比例

NDA 不直接管理归其所有的 17 个核场址，而是成立了 7 家场址许可公司（SLC），并与其签署场址管理和运营合同，由其负责开展相应场址的日常运行和计划的实现。

为了在场址许可公司的管理中引入竞争，NDA 建立了母体组织（PBO）制度，PBO 由业界单个企业或企业联盟构成。NDA 通过招标选择 PBO 并与其签订合同，由其负责一个或多个 SLC 的战略管理。

PBO 在 5 年合同期内持有 SLC 的股份，PBO 不直接负责场址运营工作，而是向 SLC 提供管理团队和战略指导，以提升 SLC 的业绩、降低场址管理成本。PBO 的收入由两部分组成：一部分来自 PBO 合同的收入；另一部分是根据业绩表现从合同总价中获得相应额度的奖金。

5.1.3.2　英国原子能机构有限公司

英国原子能机构有限公司是 1954 年依照《原子能管理局法》设立的，法律赋予它的职责是统一负责有关原子能事业的发展，包括核武器研究、发展与生产。随着核事业的发展，UKAEA 已先后几次进行改组。

现在，UKAEA 主要负责管理英国核科研和发展过程中遗留的反应堆和其他放射性设施的退役。UKAEA 的工作目标是"恢复我们的环境"。此外，UKAEA 还管理核聚变研究。

UKAEA 的收入主要来自不动产。同时，国防部向 UKAEA 提供资金用来承担部分国防部核责任，主要解决军事核活动遗留问题的经费。欧洲原子能共同体为 UKAEA 在卡尔汉姆运行的核聚变研究装置提供资金支持。但是，UKAEA 的绝大部分预算还是来自英国贸易工业部的财政支持。

5.1.4　咨询监督机构

2003 年 11 月，英国成立放射性废物管理委员会，目的是提出英国高放、中放废物长期管理最佳方案或方案组合的建议。2007 年 10 月，CoRWM 进行了重组，其新职能是负责审查英国放射性废物的长期管理计划，其主要任务是对英国政府和 NDA 的建议、方案和规划提供独立的审查。

5.1.5　费用管理机构

英国废物管理采用"谁污染，谁付费"的原则，废物产生者负责废物管理相关费用的评估、规划和支付，包括高放废物和乏燃料的处置。

NDA 负责管理公共部门的核责任，用于这些活动的资金来自政府的直接资金以及场址上商业活动的收入。

CoRWM 负责解决资金问题和利益相关者关于短期公共支出和长期地质处置之间矛盾的合理担忧。虽然没有提出有关长期资金机制的具体建议，但 CoRWM 指出，政府和 NDA 有必要更充分地考虑并解释他们将如何确保在地质处置的各阶段有适当的资金可供使用。关于利益相关者的活动经费，CoRWM 建议，政府应为参与活动提供资金。

5.2 法律法规

英国遵守国际条例，实行三套体系。英国放射性废物的管理政策遵守英国立法、欧盟条例和国际公约的规定。欧盟等国际机构颁布的指令在英国实行，需要转为英国法律文书，成为英国法律的一部分。英国立法、政策、导则和国际指令及建议间的关系。

在英国，有三套与放射性废物管理相关的立法和监管体系。第一套是关于核安全和辐射防护，源于《2013年能源法》和《行业健康和安全法令》以及与这些法案相关的一些条款；第二套是关于环境保护，源于1993年《放射性物质法》和2010年《英格兰和威尔士环境许可条例》；第三套是涉及放射性废物运输的法规，如2009年《危险货物运输规定》涉及的乏燃料和放射性废物的公路、铁路及内陆水路运输安全，以及2008年《境外放射性废物与乏燃料境外运输规定》。表5-1中对这三套体系中涉及的主要法律法规根据英国立法结构进行了分级。但英国脱欧后，正在修改相关的法律和政策。

退役监管涉及健康与安全、环境保护等多个层面，核与辐射安全是其中的重点。英国核设施退役监管的法律框架如表5-1所示。

表5-1 英国核设施退役及放射性废物管理的法律法规

工作场所健康与安全法案 1974（HSWA74）
核装置法案 1965（修订版）（NIA65）
核装置法规 1971
放射性物质法案 1993（修订版）（RSA93）
核反应堆（核设施环境影响评估）规章（EIADR99 规章）
环境法案 1995（EA95）
电离辐射条例 1999（IRR99）
电离辐射实践的合理性法规 2004
能源法案 2004
高活度密封源和非密封源条例 2005（HASS 条例）
委员会条例（欧洲原子能共同体）1493/93 关于成员国之间放射性物质的运输
放射性废物境外运输条例 1993
工作健康安全管理法规 1999（MHSW99）
放射性污染土地管理法规（英格兰）（修订）2007
辐射法规（应急准备和公众信息）（REPPIR）2010

（1）1965 年《核装置法》

NIA 适用范围内的所有核设施，都需要向 HSE 申领许可证。从设施设计直至最终退役的每项活动都须依照 HSE 的许可条件。该法同时规定相关的环境局对从核场所或非核场所产生的放射性废物处置进行核准。

该法的第 35 款是专门针对退役的。它要求被许可者为退役进行充分的准备，并赋予 HSE 以指示退役按计划启动或停止的权力。退役可分期进行，每一期的启动需要 HSE 的应允。

（2）1993 年《放射性物质法》

该法是涵盖英国放射性物质管理的主要法律，涉及放射性物质的持有和使用、安全管控和安全处置。但该法并不适用于皇家海军、陆军或空军拥有的基地。国防部的政策是执行与该法并行的要求，国防大臣负责处置国防部厂址所产生的放射性废物。未经有关的环境部门的批准，不能进行放射性废物处置或存储。该法要求放射性废物处置需要预先得到许可，但有许可证核厂址中的放射性废物处置和存储的管理执行其他法律。

（3）1995 年《环境法》

该法建立了有关环境保护监管框架的基础，并确定由英格兰和威尔士环境署及苏格兰环境署作为监管者，负责资金安排。

（4）1999 年《核反应堆（退役环境影响评价）条例》

该条例要求，反应堆或核电站退役项目的启动获得 HSE 应允之前，应开展环境影响评价。HSE 就被许可方提交的环境声明，开展公众咨询。出于对环保的考虑，HSE 可能会为其应允追加其他要求。先于法案实施（1999 年 12 月 19 日）启动的退役项目，无须进行环境影响评价，除非出现可能对环境造成重大影响的项目变更。

（5）1999 年《电离辐射条例》

该条例是根据 1974 年《工作场所健康与安全法》发布的，旨在确保工作过程中受到电离辐射的照射量不能超过个人辐射剂量限值，由 HSE 执行。

（6）2010 年《英格兰和威尔士环境许可条例》

该条例旨在为监管者提供一个简化的过程，以满足 18 项欧洲指令关于实现对空气、水和土壤排放的监管以及废物管理的目标。该条例提供了允许废物运营的统一体系，包括放射性物质监管等活动。

5.3 管理政策

5.3.1 充分市场运作，多级分包运营

NDA 不直接管理归其所有的 17 个核场址，而是成立了 7 家 SLC，并授予其场址管理和运营合同，由其负责开展相应场址的日常运行和计划的实现。为了向场址许可公司的管理引入竞争，NDA 建立了 PBO 制度，PBO 由业界单个企业或企业联盟构成。NDA 通过招标选择 PBO，并与其签订合同，由其负责一个或多个 SLC 的战略管理。

PBO 在 5 年合同期内持有 SLC 的股份，PBO 不直接负责场址运营工作，而是向 SLC 提供管理团队和战略指导，以提升 SLC 的业绩，降低场址管理成本。PBO 的收入由两部分组成：一部分来自 PBO 合同的收入；另一部分是根据业绩表现从合同总价中获得相应额度的奖金。

在这种管理制度中，SLC 被称为一级承包商，与 SLC 直接签订转包合同的公司被称为二级承包商。二级承包商一般与一级承包商签订框架合同，而该框架合同中通常包含对分包商的安排。英国目前有 7 家一级承包商即 SLC。其中，低放废物处置库（LLWR）是英国唯一接收全国低放废物的国家处置库，由低放废物处置库有限公司（LLWR Ltd）运营，母体组织是英国核废物管理公司，股东为优斯公司、斯图兹维克公司和阿海珐公司。

5.3.2 《长期管理英国固体低放废物的政策》和《英国核工业固体低放废物管理策略》

5.3.2.1 出台背景

（1）处置库库容紧张，政府更新政策

英国有两个低放废物处置库，其中一个是敦雷处置库，只接收敦雷场址历史遗留的废物和退役产生的废物；另一个是德里格处置库，是英国唯一的国家低放废物处置库。

英国于 2006 年 1 月 19 日公布了一份介绍本国放射性废物管理现状的最新报告——《英国放射性废物存量》，并预测了英国放射性废物未来几十年的总量。报告指出，自 1959 年以来，德里格处置库已经接收了约 100 万 m³ 的低放废物，目前尚有 80 万 m³ 的处置空间，预计将在 21 世纪中期耗尽。届时英国必须新建一座低放废物处置设施或者应用新的废物处置方案。英国政府随即开展了对低放废物管理政策的审议。

政府认识到以前制定的政策没有考虑到大规模的核设施退役和环境修复，导致低放废物处置库的容量紧缺。2007 年 3 月，英国政府和地方行政部门（苏格兰、威尔士和北爱尔兰，以下简称政府）公布了《英国长期管理固体低放废物的政策》（以下简称《政策》）。《政策》是修改或取代 1995 年 7 月发布的《放射性废物政策审查：最终结论白皮书》的相关部分，总体目标是提出在管理低放废物方面需要更大的灵活性。

（2）《政策》只是框架，继续出台策略

政府意识到低放废物及相关水平的放射性废物类型范围很广，因此，《政策》的目的并不是规范，而是提供一个框架，在这个框架内，每个低放废物管理层都可以按照要求采取自己的做法，灵活地根据实际情况制订解决方案，以确保安全、环保且具有成本效益地对低放废物进行管理。

政府希望确保有可用于长期管理英国核工业和非核工业产生的低放废物，包括国防部的低放废物的处置路线。《政策》规定了对 NDA 的一些要求，指定 NDA 制定英国核工业低放废物管理策略，制定利用德里格处置库的最佳计划。作为对英国政府《政策》的响应，NDA 于 2010 年 8 月发布了英国第一版《英国核工业固体低放废物管理策略》。

5.3.2.2　制定过程

（1）草案发布前后，广泛听取意见

NDA 成立了低放废物策略工作组，在草案制订过程中，与众多组织和机构进行了交流，收集了各利益相关方的意见，包括核工业的废物产生者（现在的和未来的）、环境监管部门和废物规划机构。

2009 年 6 月，NDA 发布了《英国核工业固体低放废物管理策略（草案）》。草案公开后进行了 14 个星期的意见咨询程序，收到了 48 条意见。NDA 从中总结出一些关键问题，进一步完善了固体低放废物管理策略。NDA 最终于 2010 年 8 月发布了《英国核工业固体低放废物管理策略》（以下简称《策略》），并在 7—11 月接受了质询。

（2）5 年审核周期，发布第二版《策略》

在 2010 年发布的第一版《策略》中，承诺每 5 年为周期对《策略》进行回顾与审核。2015 年，NDA 代表政府与低放废物处置库有限公司（德里格处置库运营商）合作，率先对《策略》进行了审查和更新，以反映过去 5 年低放废物管理的变化和发展，为《策略》的持续发展确定未来几年的框架。审核过程涉及的主要利益相关方包括监管机构、政府、规划部门、废物产生者和废物管理公司。他们派代表参加了一系列研讨会，以确保审核综

合考虑到了所有的经验和看法。2015 年 1 月，NDA 发布了修订后的第二版《策略》，并在 1—4 月进行了公众质询。后又经过修订完善于 2016 年 2 月发布了最终修订后的第二版《策略》。

5.3.2.3 政策内容

（1）《英国长期管理固体低放废物的政策》

《政策》的目的是提供一套顶层框架，使相关机构能在该框架内灵活制定低放废物管理决策，确保解决方案安全、环境友好、经济有效、反映相关低放废物特点。通过从源头管理，防止放射性废物产生。

《政策》的目录为：介绍、政策目标、低放废物的定义、低放废物管理的规则、低放废物管理计划、低放废物管理计划的关键要求、风险通知方法的使用、废物产生最小化、所有可行低放废物管理方案的考虑、有助于早期方案的推测、废物的邻近原则和运输、可能对气候变化产生影响的考虑、咨询和公众参与、低放废物的进口和出口、NDA 在英国低放废物管理中的角色、非核工业低放废物的管理及参考文献。

《政策》列出了英国低放废物管理工作的原则，即使用风险信息的方法确保安全并保护环境；废物排放量最小化（包括活性和体积）；根据适当废物和可能成为废物的材料的特性描述，对未来的废物排放量进行预测；考虑所有可行的低放废物管理方案；希望尽早解决废物管理问题；适当考虑邻近原则和废物运输问题；在长期贮存或处置设施的情况下，考虑未来气候变化的潜在影响。

《政策》要求 NDA 在切实可行的情况下将低放废物管理设施提供给其他放射性废物的管理者；分别制定全国范围内核工业低放废物和非核工业低放废物管理策略；重视社会团体和广大公众在低放废物管理计划制订和执行中参与的必要性；在处理低放废物时将公众安全放在首位；大部分低放废物放射性水平很低，可以采用多种灵活的，不会对人类健康和环境产生显著影响的处置方式。

《政策》中还提到了 1975 年首次引入欧盟的废物体系，用于管理低放废物。具体包括：在切实可行的情况下不产生废物（避免）；通过适当涉及和操作流程及设备，有效利用废物表征、分类和分离、体积减小和表面污染清除等技术，将废物产生（活性和质量）降低到最低限度；通过延迟贮存、再利用和/或回收利用以及焚化（在适当规定的情况下）等方式将需要处置的低放废物数量最小化；处置（某些废物形式可能需要进行焚烧）。

（2）《英国核工业固体低放废物管理策略》（以下简称《策略》）

《策略》则根据《政策》中的框架，具体到核工业固体低放废物的管理。内容分为三个主题：①应用废物层级管理；②以最佳方式实现现有低放废物管理资产；③满足对新的与目标相适应的废物管理路线的需求。其中，废物层级管理是《策略》的中心。

《策略》列出了管理英国低放废物的关键适用原则，给出了对废物产生者、计划指定机构、监管人员、NDA 执行该项《策略》的总体预期；强化了对一套管理所有废物副产品的综合废物管理方法的需求；强调了对场址废物进行特性调查及废物层级管理的重要性；对废物管理者提出了制订低放废物管理计划的要求，并从中确定最适合方案；还对放射性废物的包装和运输进行了规范。

5.4　管理实践

5.4.1　根据新的《策略》，移出大量废物

自 2010 年第一版《策略》发布以来，低放废物管理环境已经发生了重大变化，导致目前的大部分低放废物从低放废物处置库转移出来。例如，2013 年 4 月到 2014 年 3 月，从处置库中转移出来大约 12 500 m^3 的低放废物，占全部废物的 85%。这是通过以下方式实现的：开发并交替使用处理和处置路线；废物产生者在进行废物管理决策时依照废物层次结构确定改进的机会并分享低放废物管理的良好经验；广泛的利益相关者参与到过程中；引进由低放废物处置有限公司管理的国家低放废物计划，以推动英国核工业低放废物策略的实施。

5.4.2　开发其他设施，需要各种保障

修订后的《策略》的一个主要目标是继续开发和维护有效的和可持续发展的废物管理基础设施。废物产生者按照废物层次结构管理原则，将废物转移到替代的废物管理和处置设施。而这些设施要保持持续可用性就要依靠通过适当的环境许可、规划许可以及待处理废物供应链的保障，来吸引投资和更广泛地获得管理此类废物的技能和能力。同时还应认识到，虽然该策略在低放废物管理实践中发生了转变，但行业内仍然存在许多相对不成熟的领域。

5.4.3 《政策》配套要求，非核工业策略

自 2010 年《策略》发布以来，政府还制定了非核工业的管理策略，包括《非核工业固体低放废物管理策略》：2012 年 3 月发布了第 1 部分"人为因素放射性核素"，2014 年 7 月发布了《英国自然放射性物质（NORM）废物管理策略》。

但这些非核工业策略不是独立的，它们都要依靠与《策略》相同的放射性废物管理基础设施，还要考虑是否有适当的技能和能力。这些策略还包含许多协同效应，在实施时要考虑所有的低放废物策略。所以这些策略建议，调查将这些策略结合起来制定单一的《英国低放废物管理策略》的机会和收益，可能会更有好处。

（1）极低放废物

极低放废物一般包括含有极低放射性浓度的废物，其有许多来源，包括医院和非核工业。因为极低放废物的总放射性活度很低，故可以通过多种方法进行安全管理，如在垃圾填埋场与生活垃圾一起直接处置，或焚烧后间接处置。通常，贮存是不必要的。

（2）低放废物

固体低放废物包括金属、土壤、建筑碎石和有机物，主要是各种轻度污染的废料。大多数低放废物处置在英格兰西北的 Drigg 低放废物处置场，Drigg 场址归 NDA 所有，但由 British Nuclear Group Sellafield Ltd 代表其运行。放置前在混凝土窖里将废物灌浆到金属容器中，在放置到金属容器中前，一些废物要受重力压实。也采取其他的方法确保废物以最合适的形态处置到 Drigg。Drigg 是给非核用户处置他们的放射性废物的，如医院和大学也处置核场址产生的低放废物。EA 正在审议 Drigg 的处置许可。

过去，低放废物处置在苏格兰北部的 Dounreay 场址，但现在该设施已经满了。然而，2005 年早期苏格兰政府指示苏格兰环保局不要批准从 Dounreay 到 Drigg 运送低放废物，并且表示在 Dounreay 场址开发一个新的处置设施的意图。

自 20 世纪 50 年代起，在 Drigg 和 Dounreay 已经处置了大约 1 000 000 m³ 低放废物。2004 年 4 月 1 日发表的 2004 年英国放射性废物盘存量主报告（2004 年盘存量）指出有 21 000 m³（2001 年有 15 000 m³）低放废物贮存在 Drigg，大部分是暂时贮存，等待处置。5 900 m³ 低放废物正贮存在 Dounreay，等待将来的处置策略决定。4 800 m³ 在 Capenhurst，4 000 m³ 在 Sellafield。其他处理前的低放废物也在临时贮存，根据政策等待处置。小部分贮存的低放废物，大约有 740 m³ 不适合处置在现在的设施里。由此可知，到现在英国低放废物的处置能力是有限的，需要政府发起低放废物政策审议。

（3）中放废物

中放废物主要产生于乏燃料后处理，以及放射性设备的一般运行和维护。中放废物的主要组成是金属和有机物，以及少量的水泥、石墨、玻璃和陶瓷。中放废物可能要以被动安全的形态在隔离的建筑物、窑或筒仓中贮存几十年，直到出现一个有效的长期管理方案。目前，中放废物临时贮存的方法是在其产生的每个场址上建立贮存设施。大多数中放废物产生在 Sellafield。中放废物临时贮存前通常先整备以制得稳定的废物货包，这种废物货包是适合于长期贮存的被动安全的形态。这是为了在不需要复杂的安全系统（管理和工程）的条件下，确保长期足够的安全，避免重新包装的成本和放射性剂量。以满足将来预期的长期管理要求的方式进行废物整备。

2004 年盘存量表明，有 82 500 m^3 中放废物在贮存，其中 16 400 m^3 已经被处理，通过形成适合于长期管理的稳定的货包达到被动安全（2001 年分别为 75 400 m^3 和 11 000 m^3）。

历史上，整备废物的许可证持有人将其建议提交给 United Kingdom Nirex Limited（Nirex），即英国最初负责运送中放废物到处置场址的机构。Nirex 评价了整备放射性废物的建议，检查其是否适合处置。在这些评价之后，Nirex 提供了正式的建议以指导废物产生方的规划和将来的发展。当符合建议，并与 Nirex 标准、规范、包装原则和地质处置库概念一致时，Nirex 以"Letter of Comfort"（现在为"Letter of Compliance"）的形式签注认可。

通过加强监管者之间的安排，已做了加强"Letter of Comfort"体系的决定。许可证持有者向 HSE 提供安全情景以证明中放废物整备操作活动具有足够的保护和安全措施。通过评价整备废物处置的适宜性来支持递交申请，其中"Letter of Compliance"（LoC）评价是提供的一种方式。为了实现这个目的，Nirex 评价废物产生方的整备提议并提供建议，如果合适，通过发布 LoC 签注批准。HSE 向环境署咨询，如果满足立法，HSE 授予废物处理和包装的许可证，对于那些被选择用于评价的安全情景，由递交申请证明其是适当的。如果监管者不满意递交的申请，告知许可证持有人原因。许可证持有人改进递交的申请，直到监管者满意。在工业的联合指导中对加强的监管安排做了陈述。

中放废物管理策略的发展依赖于上面描述的长寿命放射性废物政策审议结果。

（4）高放废物

高放废物是释热的废物，20 世纪 50 年代就在 Sellafield 开始堆积，它是乏燃料后处理

过程中产生的浓硝酸废液。因此，将其贮存在冷却罐中等待玻璃固化使它被动安全。然后将玻璃固化体放进不锈钢容器里，并贮存在环境控制、安全可靠的条件下，等待将来长期管理政策的实施。目前的政府政策是玻璃固化的高放废物应至少贮存 50 a，使其放射性衰变并使热下降，以便使长期管理相对简单一些。

2001 年，政府部门启动放射性废物安全管理（MRWS）项目。目的在于找到一个切实可行的较高放射性活度废物的处理手段，以实现对人类和环境的长期保护，获得公众信任，确保公众财产的有效利用。2006 年 10 月，英国政府接受了 CoRWM 地质处置的建议，选出一个适合高放废物长期地质处置的场址，并进行公众咨询，咨询进行到 2007 年 11 月。2008 年 6 月，白皮书《放射性废物安全管理：地质处置的框架》公布，将高放废物长期管理政策写入了白皮书。

2004 年，在英国贮存有 1 890 m³ 高放废物，其中 1 430 m³ 是液体形态，而有 456 m³ 已经进行了玻璃固化。在 Dounreay 的一些高放废物，大约有 230 m³ 已经衰变到需要考虑将其归为中放废物并按中放废物进行处理的程度。通过与利益相关者协商后，已做了重新分类的决定，并且 LoC 的概念阶段和给 UKAEA 的相关评价报告在 2005 年 8 月出版。

高放废物管理策略的发展依赖于上述长寿命放射性废物政策审议的结果。

5.5 资金保障

英国废物管理采用"谁污染，谁付费"原则，废物产生者负责废物管理相关费用的评估、规划和支付，包括高放废物和乏燃料的处置。

NDA 负责管理公共部门的核责任，用于这些活动的资金来自政府的直接资金以及场址上商业活动的收入。

CoRWM 负责解决资金问题和利益相关者关于短期公共支出和长期地质处置之间矛盾的合理担忧。虽然没有提出有关长期资金机制的具体建议，但 CoRWM 指出，政府和 NDA 有必要更充分地考虑并解释他们将如何确保在地质处置的各阶段有适当的资金可供使用。关于利益相关者的活动经费，CoRWM 建议，政府应为参与活动提供资金，政府白皮书似乎接受了这一建议。政府正致力于解决这一问题。

5.6　启示与借鉴

（1）低放废物处置库容紧张，出台一系列配套政策

英国政府认识到以前制定的政策没有考虑到大规模的核设施退役和环境修复，导致低放废物处置库的容量紧缺。虽然正在为未来计划和建造更多的处置设施，但处置库的潜在容量远小于预计的低放废物量。

因此，英国制定了一系列配套政策，为低放废物长期管理提供了灵活性和可持续方法。2007 年 3 月，英国政府发布了《长期管理英国固体低放废物的政策》。作为响应，NDA 代表政府于 2010 年和 2016 年发布了《英国核工业固体低放废物管理战略》（每 5 年更新一次）。其核心是废物层级管理制度，即按层级考虑首选方法，而不再像过去那样把处置作为重点，这将有效利用现有的处置库容。

（2）高放废物处置进展不顺，多次重启选址计划

在最初选址失败后，英国成立了放射性废物管理委员会，对高放废物长期管理方案进行评审。根据其建议，政府于 2006 年宣布了新的处置计划。之后，政府分别于 2007 年、2014 年和 2017 年重启了深地质处置库的选址程序，但都毫无进展。

第 6 章 ◇

俄罗斯放射性废物管理

俄罗斯是世界主要核大国之一，建立了庞大的核工业体系。截至 2014 年 12 月，俄罗斯共有 39 台核电机组（其中 34 台运行，5 台退役中）和 37 座研究堆（其中 21 座运行，其他在改造或退役）。

核设施的运行产生了大量的放射性废物。截至 2013 年年底，俄罗斯共积存放射性废物近 $6 \times 10^8 \ m^3$，其中绝大部分为低放、中放废物，超过 90%放射性废物都是由历史上国防任务产生的。废物主要暂存在俄罗斯 44 个地区 120 家企业的 830 多个暂存设施内。

6.1 管理体系

为确保放射性废物的安全有效管理，根据《放射性废物管理和对一些现行联邦法律的变更》（也称"放射性废物管理法"，以下简称"俄放废法"），俄罗斯建立了统一的放射性废物管理体系。

具有政企合一性质的俄罗斯国家原子能集团公司（Rosatom）直接向总统、国家杜马负责，是俄罗斯核工业的管理部门，其中包括对乏燃料管理及后处理，高放废物处理处置，以及低放、中放废物的处理与处置工作。

"俄放废法"中规定，放射性废物的具体管理工作由一家专门的企业，即 Rosatom 下属的 RosRAO 公司负责开展。该公司是俄罗斯最大的专业放射性废物管理企业，专业从事放射性废物（主要是低放、中放废物）收集、分离、处理、调节、运输、贮存，以及放射性废物贮存（处置）设施运行、停运和关闭活动。

根据"俄放废法"，Rosatom 于 2012 年成立了放射性废物管理国家营运机构（NO RAO），是一个授权实施放射性废物处置以及其他放射性废物管理活动的法人，主要任务之一是建立不同类型放射性废物处置设施的体系。

6.1.1 政策和立法机构

俄罗斯总统、联邦委员会（议会上院）和国家杜马（议会下院）是俄罗斯核工业发展的最高决策机构，负责原子能相关政策法规的制定、审议和颁布。俄罗斯总统办公厅、俄联邦安全委员会等机构协助总统做出核工业发展决策。

6.1.2　监管机构

联邦环境、工业与核监督局（Rostechnadzor）根据 2004 年 5 月 20 日普京总统令组建，由核安全局和环保局合并组成，属于俄联邦政府内设机构。该机构是独立于原子能活动相关组织的核安全监督部门，负责放射性物质排放许可证的发放、核设施安全监管、辐射防护、环境保护、资源利用等活动以及放射性废物管理联邦法律规范的制定、批准和监督。

该机构纳入了原国家核及辐射安全监督委员会（GAN）的职能，下属三个机构，分别是国家核监督机构（FASN）、国家技术监督机构和自然资源利用与环境监督机构。

国家核监督机构一直试图效法美国核管理委员会（NRC）。该机构主要负责核安全相关法规的制定，包括有关核及辐射安全、核材料管制与衡算、实物保护、放射性废物管理及工业安全等管理导则的制定；核设施核查、核材料、核电及放射性物质使用的安全监督；安全许可证发放；以及核安全评估，包括向联邦政府及其他部门提出建议。

6.1.3　执行机构

6.1.3.1　俄罗斯国家原子能集团公司

根据 2007 年 12 月 1 日颁布的俄罗斯法律，原俄罗斯联邦原子能部于 2008 年改制成立俄罗斯国家原子能集团公司（Rosatom）。该公司整合了俄罗斯所有核工业企业，总部位于莫斯科，是一家非营利性的国有企业，直接向总统负责。按照俄罗斯联邦法律第 317-FZ 授权，Rosatom 代表俄罗斯开展核能和平利用活动，并确保核不扩散。

（1）职能

Rosatom 负责俄罗斯核能政策的实施，并在核电及核工业链的各个领域都拥有自己的资产，其中包括地质勘探与铀矿开采、核电站的设计和建造、热力与电力的生产、铀浓缩与转化、核燃料制造、核设施退役，以及乏燃料与放射性废物的管理等。其中，在乏燃料与放射性废物管理方面，Rosatom 负责对放射性废物实行国家统计和控制，为放射性废物处置提供资金，监督全国运营商的活动，制定废物处置点和废物整备等技术要求。

（2）组织结构

截至 2013 年年底，Rosatom 共拥有 37 家联邦单一国有企业、6 家私有机构、25 家控股公司、16 家由 Rosatom 代表俄罗斯联邦控股的联合控股公司以及 2 家由 Rosatom 持股的联合控股公司。Rosatom 控制和管理的实体总数超过了 360 家，包括管理实体、运营实

体、附属设施以及各种非核心资产。

Rosatom 包括 250 多家公司和组织，其基本管辖范围分为四个部分：一是核武器制造；二是核材料生产；三是核燃料循环工业（军民两用）；四是核电建设与运行。

Rosatom 负责俄罗斯核能政策的实施，并在核电及核工业链的各个领域都拥有自己的资产，包括地质勘探与铀矿开采、核电站的设计和建造、热力与电力的生产、铀浓缩与转化、核燃料制造、核设施退役，以及乏燃料与放射性废物的管理等。在乏燃料与放射性废物管理方面，Rosatom 负责对放射性废物实行国家统计和控制，为放射性废物处置提供资金，监督国家运营商的活动，制定废物处置和废物整备等技术要求。

截至 2015 年，俄罗斯核工业发展整整经历了 70 个年头。70 年来，俄罗斯核工业管理体制历经中机部、核工业部、原子能署以及如今政企合一性质的 Rosatom 集团公司，总体来看是一脉相承的。1953 年，苏联成立中型机械部，负责核工业体系的管理工作。1986 年成立了专门的苏联原子能部。苏联解体后，1992 年成立俄罗斯原子能部。2004 年，原子能部改名为国家原子能署。2007 年 12 月，原子能署改制为俄罗斯国家原子能集团公司，核工业由政府机构改制为企业集团化运作模式。

2005 年 11 月 15 日，基里延科被任命为俄罗斯原子能署署长，开始从事核能管理工作。2007 年 12 月 12 日，时任俄罗斯总统普金任命其为俄罗斯国家原子能集团公司总经理，掌管经过改制后的国家核工业的发展。基里延科曾经承诺通过高技术产品和服务出口每年可为俄罗斯带来 35 亿美元的外汇收入。

Rosatom 在管理层级设立了监管委员会、董事会、监察委员会、总经理、副总经理。其中，监管委员会由 9 人组成，1 人为 Rosatom 总经理，其余 8 人分别担任国家安全委员会常务委员、总统助理、政府副总理、政府军工委员会办公厅主任、国家法规局局长、能源部部长、经济发展部副部长、国家安全局经济局局长。监管会成员由总统任命，代表总统和政府负责 Rosatom 的战略发展，委员会主席由国家安全委员会常务委员担任。

董事会由总经理、集团 8 名副总经理（安全、预算、核武、发展及国际业务、运营管理、创新、财务、国际合作）、1 名职能部门主任（生产体系发展部）、4 名板块负责人（核与辐射安全国家政策部、核能机械集团、燃料元件集团、核电康采恩）组成，董事会成员由监管委员会根据 Rosatom 总经理的提名任命，为固定职位。

监察委员会由国家监察委员会、财政部军费司、国家审计委员会、国防部国防工业局的高管人员组成，由监管委员会批准该委员会委员的人事任命。

俄罗斯核能战略方针政策由 Rosatom 负责执行，并受总统、政府授权的委员会监督管理，公司发展战略需要经过监管委员会批准，公司的使命就是实现国家的战略思想。

在集团内部管理方面，Rosatom 设立了科技委员会、公众委员会、仲裁委员会、活动透明度提高委员会和 15 个职能部门。其中，科技委员会包括 10 个专业分委会（核能装置及核电站，核材料及燃料工艺，核电原材料，核设备制造工艺，可控热核及新能源工艺，核素、激光、等离子辐射工艺，核电新工艺平台，核能领域复合材料、环境核安全，实体保卫，核能领域经济创新）。15 个主要职能部门包括：集团生产体系发展部、总监、组织发展部、燃料循环和核电站管理部、内部监督和审计部、投资及业务效率管理部、法规部、财务部、投资部、人力部、总会计师、采购管理部、公共关系部、信息技术部、总经理秘书组。

据统计，Rosatom 现有员工 27.5 万人。俄罗斯国内现有 10 座核电站，33 台运行机组，8 台在建机组；10 座国外在建核电站项目；904 家核能设备制造厂；540 家核能服务机构和公司；17 家燃料循环企业（312 个项目）；39 个核材料及放射性废物贮存场，包括 3 个深井废液处置场；75 个研究堆；6 176 个辐射危险项目；109 家核燃料循环领域科研实验设计单位；28 个原子能船项目，其中包括 8 条核动力船、2 个核材料库、1 个液废处置厂、1 个在建浮动堆。

6.1.3.2 放射性废物管理国家营运机构

2012 年，根据"俄放废法"，Rosatom 成立的联邦政府独资公司放射性废物管理国家营运机构（NO RAO），统一负责全国放射性废物的处置工作，包括放射性废物国家统计和控制。

军事核项目的实施积累了大量放射性废物，由工业生产和核设施退役产生的放射性废物的最终处置逐渐成为一项重大任务。在过去的几年里，俄罗斯为解决遗留放射性废物、建立统一的原则、技术和控制系统（包括最终处置阶段）付出了大量的努力。

2011 年，俄罗斯颁布实施联邦法律"俄放废法"，允许强制处置累积的放射性废物和建立放射性废物管理的唯一的国家体系，设立放射性废物管理国家营运者。

根据俄罗斯联邦政府的决议，NO RAO 成为放射性废物管理的国家营运者，以及唯一有权力开展放射性废物最终处置的机构。

（1）职责

根据法律要求，NO RAO 致力于解决苏联遗留下来的核废物和新形成的放射性废物问

题，主要目标实施放射性废物的最终处置。其主要职责包括：

①对接收处置的废物进行安全处理；

②放射性废物填埋场的开发与关闭；

③提供核与辐射安全、技术和火灾安保，环境保护；

④对放射性废物填埋场进行放射性监测，包括关闭后的定期辐射监测；

⑤履行放射性废物填埋场工程和建造的雇主职责；

⑥预估放射性废物的处置体积，建造废物处理的基础设施，将相关信息通过网络等方式公开；

⑦为政府的核材料控制和统计系统提供技术和信息支持；

⑧对于国家运营者建造的放射性废物处置填埋场，为居民、政府机构、当地和其他机构提供放射性废物安全处理和辐射环境相关信息。

（2）组织机构

NO RAO 的母公司是 Rosatom。NO RAO 包括 1 个中央机构和 3 个地区分部。

（3）开展的活动

NO RAO 的主要任务是管理俄罗斯的乏燃料和放射性废物，未来的发展目标是成为可以提供燃料循环后端技术服务的国际供应商。

NO RAO 完成了一座地下实验室的设计工作。该实验室将用于研究在列兹诺戈尔斯克 Nizhnekansky 花岗岩地质区域对高放废物和长寿命中放废物进行最终处置的可行性。这些放射性废物将在地下 450～525 m 的区域处置。Rosatom 正就设计方案进行审查。

车里雅宾斯克和托木斯克地方政府已经批准在马亚克生产联合体和西伯利亚化学联合公司的场址对低放废物和中放废物进行处置。2018 年前，将建造一个能够接收 30 万 m³ 低中放废物的处置库。俄罗斯最初将场址选在莫斯科以东 7 000 km 的赤塔州，2008 年最终确定场址在 Nizhnekansky。该场址第一阶段将接收 2 万 t 低中放废物，且是可回取的。

6.1.4 咨询监督机构

联邦预算机构核与辐射安全科学工程中心（SEC NRS）和联邦统一国有企业（FSUE）VO 安全是 Rostechnadzor 管辖下的两个核与辐射安全技术支持组织，为 Rostechnadzor 的活动提供科学与技术咨询。

6.1.5　费用管理机构

俄罗斯用于放射性管理的资金来源包括联邦预算资金、联邦主体预算资金、地方预算资金、废物产生者支付的特殊准备金、自有资金或者法人的介入资金、个人资金，以及不被联邦法律禁止的资金来源等。

废物产生者支付的特殊准备金由 Rosatom 负责管理。

6.2　法律法规

苏联时期，放射性废物的管理没有受到重视，没有建立与放射性废物处理处置相关的法律法规体系。放射性废物基本上没有进行处理。苏联解体后，俄罗斯接管了大部分核动力装置、核武器和民用核设施，放射性废物管理逐步受到重视。

俄罗斯对放射性废物管理思路到 21 世纪才从技术问题转变为策略问题，颁布了一些法律法规，制定了一些技术标准。俄罗斯放射性废物管理相关立法大概分为三个层级：

第一层级是《俄罗斯联邦原子能利用法》，该法是俄罗斯核工业法律的基础之法。

第二层级是放射性废物安全管理相关的联邦法律，主要包括：《联邦公众辐射安全法》《联邦环保法》《放射性废物管理和对一些现行联邦法律的变更》。

第三层级是政府的法规与条例，其中总统令有 17 个，政府令有 34 个，包括《放射性废物安全管理的一般规定》（NP-058-04）、《核电厂放射性废物管理安全规则》（NP-002-04）、《液体放射性废物收集、处理、贮存与整备的安全要求》（NP-019-2000）、《固体放射性废物收集、处理、贮存与整备的安全要求》（NP-020-2000）、《气体放射性废物管理的安全要求》（NP-021-2000）、《放射性废物处置的原则、标准与主要安全要求》（NP-055-04）、《放射性废物管理卫生准则》（SPORO-2002）和《核燃料循环企业深层废物贮存设施操作与防护卫生准则与规范》（SP 和 TU EKKh-93）等。

以上所有法律法规中，于 2011 年 7 月 15 日颁布的《放射性废物管理和对一些现行联邦法律的变更》，是福岛核事故后俄罗斯在核立法方面的新举措。"俄放废法"建立了俄罗斯放射性废物管理的法律框架，代表了放射性废物管理的国家政策，要求建立一个放射性废物统一管理的国家体系，并规划建设中放、低放废物处置库和高放废物处置库，加强放射性废物的安全处置。俄联邦原子能应用安全管理的法律框架见表 6-1。

表 6-1　俄联邦原子能应用安全管理的法律框架

1995 年 11 月 21 日第 170 号联邦法律《原子能利用法》
1996 年 1 月 9 日第 3 号联邦法律《辐射防护法》
2002 年 1 月 10 日第 7 号联邦法律《环境保护法》
2011 年 7 月 11 日第 190 号联邦法律《关于放射性废物管理与俄罗斯联邦某些立法的变更》

　　其中，《原子能利用法》（简称"俄罗斯原子能法"）是俄罗斯原子能利用方面的最重要法律。该法经国家杜马和联邦委员会于 1995 年 11 月 21 日通过，经过 1997 年 2 月 10 日、2001 年 7 月 10 日、2001 年 12 月 30 日、2002 年 3 月 28 日、2003 年 11 月 11 日与 2004 年 8 月 22 日 6 次修改，目前施行的是 2004 年 8 月 22 日版。俄罗斯原子能法共由 16 个部分共 70 条条文组成，与其他国家原子能基本法相同的是，该法阐述了原子能应用的目的和原则，明确政府机构监管职责，规定了核装置、放射源与贮存地的选址、建造和自然保护，规定核材料、放射性物质与放射性废物的使用要求，以及对进出口管理、国际义务履行等方面予以明确。该法还专门规定了带有核装置与放射源的船舶与其他航行器、航天与航空器建造和使用的特别规定，另外，还特别强调公民参与在原子能利用领域的权利。

　　《关于放射性废物管理和俄罗斯联邦某些立法的变更》规定了放射性废物管理活动不同参与方的地位与权限，确定了放射性废物与放射性废物设施的所有权，以及一参与方向另一参与方转让权利的程序。

　　俄罗斯的主要法律文件，包括联邦法律、总统指令和命令、政府指令等，均对放射性废物管理工作做了相关规定，见表 6-2～表 6-4。

表 6-2　联邦法律

序号	文件名	注册号以及签署文件的年份
1	原子能利用法	1995 年 11 月 21 日第 170-FL 号
2	关于下层土资源	1992 年 2 月 21 日第 2395-1 号
3	关于放射性废物管理安全联合公约的批准	2005 年 11 月 4 日第 139-FL 号
4	关于环境审查	1995 年 11 月 23 日第 174-FL 号
5	辐射防护法	1996 年 1 月 9 日第 3-FL 号
6	关于补救放射性污染土地的生态计划	2001 年 7 月 10 日第 92-FL 号
7	环境保护法	2002 年 1 月 10 日第 7-FL 号
8	关于 Rosatom	2007 年 12 月 1 日第 317-FL 号
9	关于放射性废物管理和关于俄罗斯特定法案修正	2011 年 7 月 11 日第 190-FL 号

表6-3 总统指令和命令

序号	文件名	注册号以及签署文件的年份
1	关于加强履行乏核燃料再加工生态安全要求的补充措施	1995年4月20日第389号
2	关于建立Rosatom的措施	2008年3月20日第369号
3	关于联邦执行机构的系统和结构问题	2008年5月12日第724号
4	关于根据Rosatom的创立对特定俄罗斯总统法案进行修正	2008年4月8日第460号
5	联邦环境、工业和核监督局问题	2010年6月23日第780号

表6-4 政府指令和条例

序号	文件名	注册号以及签署文件的年份
1	关于俄罗斯境内放射性物质和电离放射源的回收、运输、再加工、使用、收集、贮存和处置地点和设施的库存程序的审批	1992年7月22日第505号
2	关于国家环境审查状态的审批	1993年9月22日第942号
3	关于国家环境审查程序的审批	1996年7月11日第698号
4	关于核设施、放射源和贮存设施选址和施工的决策准则	1997年3月14日第306号
5	关于原子能应用领域工作特许条例的审批	1997年7月14日第865号
6	关于核材料、放射性物质以及由其制成的物品在运输过程中的核安全和辐射安全的国家主管部门	2001年3月19日第204号
7	关于承认组织可以运行核设施、放射源或贮存设施以及独自或在其他组织的参与下进行核设施、放射源或贮存设施的选址、设计、施工、运营和退役以及核材料和放射性物质的管理条例的审批	2011年2月17日第88号

• 《俄罗斯原子能法》核心内容

1995年11月21日第170号联邦法律《原子能利用法》是调整原子能应用领域相互关系的基本文件，旨在在原子能应用领域内达到保护环境、保护健康与人身安全的目的，为安全管理提供法律依据，包括：

—— 原子能应用领域内的法律调整原则；

—— 原子能应用领域内各方法律调整的管辖权、权利和权力（俄罗斯联邦总统与政府、国家与地方机构、组织与公民、国家管理机构和有关原子能应用的国家安全管理机构）；

—— 原子能应用领域内开展活动的组织的法律地位、经营机构的责任与义务，以确保核实施、辐射源和贮存设施的安全；

—— 国家原子能应用安全规章制度的原则；

—— 关于核设施、辐射源和贮存设施的场地选定与建设场地选定以及有关停止运行的决策程序；

—— 核材料、放射性物质和放射性废物方面的国家政策；核材料、放射性物质和放射性废物的主要规定；

—— 辐射对法人和自然人、公民的健康的影响造成的损失和损害的责任，在原子能应用方面违反俄联邦法律的责任；

—— 原子能应用方面出口和进口核设施、设备、技术、核材料、放射性物质、专用非核材料和服务的原则与程序；

—— 在原子能应用方面履行俄联邦的国际义务、与外国交换原子能应用信息的规定。

法律第 5 条规定，核材料（包括含有核材料的放射性废物）和核设施既可由国家所有也可由法人实体所有。可拥有核材料（包括含核材料的放射性废物）或核设施的俄罗斯法人实体名单应经俄罗斯联邦总统批准。核设施与核材料所有者应对它们的安全和正确使用实施控制。

第 33 条规定，应根据原子能应用领域的规范和准则的规定，在核设施设计时应预测确保核设施、放射源和贮存设施的退役的程序和措施。

俄罗斯政府应规定创建核设施、放射源和贮存设施的退役资金来源的程序，并应在设施试运行前确定。

运营组织和相关原子能应用管理机构应用相关等级的预算提供的现金款项成立一个特殊基金，该基金将承担核设施、放射源或贮存设施的退役相关费用。

第 44 条规定，核材料、放射性物质与放射性废物管理的国家政策应提供一个有关核材料、放射性物质与放射性废物生产、产生、使用、人身保护、收集、记录和统计、运输、贮存与处理规范的综合解决问题的方案。

法律第 45～48 条规定，在核材料（包括乏燃料）放射性废物的运输、贮存与回收以及放射性废物处理过程中，应依据俄罗斯联邦原子能应用方面的法规和规范和环境保护方面的法规确保核设备工人、公众和环境有可靠保护，防止不许可的辐射影响和放射性污染。

6.3　管理政策

6.3.1　法定新策略，移动或特殊

"俄放废法"根据废物的放射性风险、从贮存场址回收和进一步处理包括处置的费用是否高于将其就地处置的风险和费用，分为可移动放射性废物和特殊放射性废物两大类。放射性风险、从贮存场址回收和进一步处理包括处置的费用不高于将其就地处置的风险和费用的是可移动放射性废物，高于的则是特殊放射性废物。

在此基础上，可移动放射性废物又根据放射性核素的半衰期分为长寿命放射性废物和短寿命放射性废物，根据比活度分为高放废物、中放废物、低放废物和极低放废物，根据废物形态分为液体废物、固体废物和其他放射性废物等。同时，该法律还规定，将放射性废物归为可移动放射性废物或特殊放射性废物的标准、可移动放射性废物的分类标准以及将固体、气体、液体废物列入放射性废物的标准都由联邦政府确定。

6.3.2　放射性废物法出台背景

（1）历史原因，大量法规

俄罗斯联邦在原子能利用领域的现代立法框架的发展过程始于 20 世纪 90 年代中期，并继续在几个方向上同时展开。已经发布了关于下列主题的几个监管文件草案："原子能利用""公众辐射安全""环境保护""地下土壤"，以及大量的法规，其中就有联邦的法则和条例，包括监管辐射安全卫生和保健方面的文件。此外，由于俄罗斯原子能工业历史的特殊性，一些特殊卫生监管文件为放射性废物管理领域提供了最初的指导。接下来的几年都保持这一趋势，尽管目前联邦生态、技术和原子能监督服务机构（RTN）联邦法则和监管条例中设立的要求数量上大大超出了卫生法则中设立的要求。

（2）缺少总领，阻碍发展

由此，在放射性废物管理领域形成了一个庞大的监管系统。该系统的特点是实质上缺少一套跨部门的条例性文件。这常常导致绝大多数的安全要求被重复，或者在同时阅读它们时发现互有冲突的监管条例。一方面，该监管系统真的提供了安全性；另一方面，它几乎是在阻碍现代化进程，并不能给出一个清晰的未来前景。目前的监管系统不鼓励放射性

废物管理过程的参与者去寻求最佳的解决办法，包括启动改进的放射性废物处置活动，以代替当前的放射性废物贮存实践。

（3）统一体系，国际接轨

在 2009 年 12 月俄罗斯杜马提出放射性废物法律的一年半后，2011 年 7 月俄罗斯总统签署了一部专门用于放射性废物管理的联邦法律，即《放射性废物管理和对一些现行联邦法律的变更》。该法律为俄罗斯开展放射性废物管理工作建立了一个法律框架，并正式建立了一个对放射性废物进行统一管理的国家体系。该法律要求对放射性废物进行分级管理，从而使俄罗斯的国家放射性废物管理体系与《乏燃料管理安全与放射性废物管理安全联合公约》的要求保持一致。

6.3.3　制定过程

（1）发布文件，提出任务

俄罗斯总统于 2003 年 12 月 4 日批准的《到 2010 年及其后的俄罗斯联邦核与辐射安全保证方面的国家政策基础》这一概念性的重要文件中，明确提出了显著和高质量地提高核与辐射安全水平、改变乏燃料和放射性废物管理相关的一系列任务。

其中，该文件中规定，"决定核与辐射安全保证方面的国家政策的主要因素是：近年来，俄罗斯联邦境内计划退役和废物利用以及不用于国家国防和经济的核与辐射危险设施和材料显著增多；必须处理由于核武器制造、核武器材料生产、原子能动力和工业企业的运行、核潜艇、水面舰艇和轮船的使用以及原子能利用方面的其他活动而在俄罗斯联邦积累的大量核材料、核反应堆的乏燃料组件和放射性废物；核与辐射安全方面的国际合作规模显著增大，必须提高此合作的效率；制定和实施国际社会协调一致的保证核与辐射危险设施和材料完好无损和废物利用的策略；保证由于削减核武器方面的活动和核动力装置运行而产生的乏燃料和放射性废物管理的核与辐射安全。"

（2）统一体系，概念原则

实施《到 2010 年及其后的俄罗斯联邦核与辐射安全保证方面的国家政策基础》，需要制定一系列法律文件和联邦专项规划，并且核与辐射安全的法律规范保证过程目前尚远未完成。其中，作为俄罗斯联邦原子能工业发展的必要条件，提出了"建立国家统一的乏燃料和放射性废物管理体系，包括建立独立的科学生产综合体，以解决积累和延期的问题以及原子能利用设施退役的问题"。

放射性废物管理体系拟按四个主要原则（前两个原则是组织—经济原则，后两个原则是组织—技术原则）运作。

"污染者付费"——产生废物（乏燃料和放射性废物）的营运单位承担乏燃料和放射性废物管理的财务责任。相应地，自乏燃料和放射性废物产生之时起，乏燃料和放射性废物的所有权属于营运单位。

"付费后不再负责"——乏燃料和放射性废物产生者使废物符合放射性废物管理体系的标准，缴纳规定的费用和将乏燃料和放射性废物移交至放射性废物管理体系的专业单位（国家专业化公司）后，乏燃料和放射性废物产生者的责任结束。并且，这些废物转归该专业单位所有。

移交至工程（技术）公司的乏燃料和放射性废物的所有权，按合同（契约）规定，属于负责将处理产物移交至放射性废物管理体系的国家专业化公司的一方。

"放射性废物的合理（最佳）整备"原则和"放入贮存库时的放射性废物类别的统计和分类"原则，与这一情况有关，即俄罗斯现行的放射性废物分类（固体和液体）及其科学和经济的管理体系远未完善，成为苏联的历史遗留问题，目前不可能建立满足当前要求的在社会经济方面合理的、安全和有效的体系。建立新的放射性废物分类体系是一项重要且独立的任务。

以放射性废物管理体系的原则为基础，国家出台了"俄放废法"。

6.3.4　政策内容

该法律从构建统一的放射性废物管理国家体系的角度出发，对体系中的各个主体及其行为和各个要素加以规定，兼顾放射性废物管理的全范畴全维度。该法律确立了俄罗斯放射性废物管理组织体系和法规体系，明确了废物暂存年限、污染者付费的原则，并指出严禁将放射性废液直接进行地质处置（已有的废液处置设施除外），同时规定由 Rosatom 负责放射性废物管理方面的组织和协调，特别是放射性废物处置方面的组织和协调。它还确立了所有放射性废物管理活动的财务基础，规范了从放射性废物贮存惯例至放射性废物处置的过渡。

《放射性废物管理和对一些现行联邦法律的变更》中包括 8 章 42 条内容，内容涉及多个方面：法律适用范围；相关法律条例和标准规范等；放射性废物分类；联邦政府、行政机构、管理实体、地方政府等相关机构的权利和责任；放射性废物管理的国家统一管理体

系；放射性废物管理的制度安排；法律生效前所产生的放射性废物的管理；特定类型放射性废物的管理和放射性废物管理中特定活动的要求；违反相关要求的责任；俄罗斯联邦某些法律的修订；所有权问题；许可证问题等。

（1）统一的放射性废物管理国家体系

为了保证放射性废物管理包括处置的安全和经济效益，放射性废物管理法规建立统一的放射性废物管理国家体系。该体系是由从事放射性废物管理活动的主体、放射性废物管理设施的客体，以及由本法律和其他联邦规范性法律文件对放射性废物管理的要求组成的集合体。该法第 2 章还对该体系运行的基本原则、建立步骤等做出了相应规定。

（2）放射性废物分类

按照相关法规的要求，俄罗斯采用闭式核燃料循环策略，将对研究堆、核电厂及其他核动力产生的乏燃料进行后处理，回收其中的铀、钚。因此，俄罗斯未将乏燃料视作放射性废物。

根据放射性废物的放射性风险、从贮存点回收和进一步处理、处置的费用是否高于其他就地处置的风险和费用，分为可移动放射性废物和特性放射性废物（主要指前苏联遗留的大量国防废物）两大类。两者是指将废物从现贮存地移出后，其后续管理费（包括回取、处理、整备、贮存和处置）和风险低于就地处置费用和风险的放射性废物；后者则是指其后续费用和风险高于就地处置的费用和风险。

可移动放射性废物又根据核素半衰期的长短、比活度大小分为高放、中放、低放和极低放废物；根据废物形态分为液体、固体和其他放射性废物等。

（3）实行放射性废物管理活动单位的条件要求

放射性废物管理法要求其有核能利用领域经营活动许可证，并向全国运营商提供符合放射性废物处置接收标准的放射性废物贮存服务，以及放射性废物处置设施运行和关闭的服务。

（4）放射性废物及其贮存、处置设施的所有权

放射性废物管理法规定，只能是国家财产的核材料和在该法生效之前产生的放射性废物的所有权属于国家。而在该法律生效之后产生的放射性废物，其所有权属于产生单位。放射性废物处置设施的所有权属于联邦或者国家原子能公司。放射性废物的长期贮存和临时贮存设施、特殊放射性废物的分布点和封存点的所有权可以是联邦或者俄罗斯法人。放射性废物管理法还规定，放射性废物及其贮存设施的所有者必须保证废物的安全管理，保

证贮存设施的安全运行、退役和关闭。

（5）各级机构的权利和职能

放射性废物管理法对联邦政府、各联邦行政机关、各联邦主体和地方自治政权的政府机构在放射性废物管理中的权力和职责，放射性废物管理领域的国家管理机构、安全监管机构、全国运营商以及放射性废物产生机构的权力和职责都做了明确而详细的规定。如规定放射性废物管理的国家机构有对放射性废物实行国家统计和控制、为放射性废物处置提供资金、监督全国运营商的活动、制定废物处置点和废物整备等的技术要求等项职责，规定负责安全监管的国家机构有制定、批准和实施监督放射性废物管理的联邦法律规范、发放许可证、对放射性废物处理过程进行监督等项职责。

（6）统计、控制和档案要求

放射性废物管理法规定，国家对放射性废物的统计和控制是国家对放射性物品进行统计和控制的一部分，包括对俄联邦领土内的放射性废物及其处置设施的登记注册等。

该法不只要求建立放射性废物档案，还要求建立废物处置点档案，记录处置点的水文地理资料等。规定所有这些档案都要无限期保存，并按照联邦档案事业法的规定进行管理。

（7）财政保障

放射性废物管理法规定，放射性废物管理的资金来源包括联邦预算资金、联邦主体预算资金、地方预算资金、专门基金、自有资金或者法人的介入资金、个人资金，以及不被联邦法律禁止的资金来源，但是对于可能的资金数额却没有规定。

（8）信息公开与公众知情权

在放射性废物管理法中规定，统一的放射性废物管理国家体系的运行原则之一是保证与放射性废物处理安全和预防事故有关的信息，以及其他不涉及国家秘密的放射性废物管理相关信息对公民和社会组织的可达性。

放射性废物管理法还规定，全国运营商必须向居民、国家机构、地方自治机关等告知其处理处置放射性废物的安全性和辐射环境的安全问题。全国运营商还要在自己的网站和放射性废物管理的国家机构的网站上发布有关废物体积、处置设施等的相关信息。

（9）其他

放射性废物管理法充分考虑了整个国家法律体系内容的一致性和融合性，其第 7 章就是"俄罗斯联邦某些法律的修订"。该章对因放射性废物管理法出台导致其他法律需续订、增加或删除某些内容的部分进行了规定，其中涉及自然垄断法、原子能法、环境保护法等

6 部法律和法典。

对于本法律生效前的放射性废物管理，该法也作出了规定，包括放射性废物的初次登记并确定其分布点，以及对积存的放射性废物的管理要求。通过对放射性废物的初次登记，查明废物的现有量并提交给有关部门，据此将废物分类，确定其处置条件。

对于铀矿开采和加工时产生的放射性废物和极低水平放射性废物，该法规定，根据联邦政府的决定，可以在废物处置设施进行处置。

在处置设施运营和关闭时要填写登记卡片，填写好的登记卡片应该移交给全国运营商。在向全国运营商移交时，所有批次的废物都要填写登记卡片。

该法还规定，在与核能利用活动无关的开采加工含有较高放射性核素的矿物和有机原料时产生的，含有较高天然放射性核素的材料，对于其中属于放射性废物之列的，其管理需满足联邦在保障居民卫生和流行病安全领域、环境保护领域有关法律法规的要求。

6.4 管理实践

6.4.1 开发体系，阶段实施

放射性废物管理统一国家体系的开发分若干阶段实施（俄罗斯联邦 2012 年 11 月 19 日第 1185 号决议）。目前已完成第一阶段开发工作。

（1）第一阶段（2011—2015 年）

在第一阶段制定了放射性废物管理统一国家体系的管理与程序框架，包括按既定的程序首次注册放射性废物和确定它们的分布。截至 2013 年年底，放射性废物管理统一国家体系管理与程序框架的关键文件已获得批准。俄罗斯联邦政府制定的用于将废物定义为放射性废物的标准，是国家政策的一个新要素。

第一阶段开发中的放射性废物及其分布的首次注册于 2013 年启动，在 2015 年完成。

（2）第二阶段（2016—2018 年）

第二阶段建立低放废物和中放废物处置系统，涉及：根据第一阶段批准的放射性废物处置设施分配区域规划方案做出处置设施的建设；设计、建议与投产优先考虑的低放废物和中放废物处置设施。

（3）第三阶段（2019—2021 年）

第三阶段建立高放废物处置系统，将拥有特种放射性废物的某些设施改变为特种放射性废物保存设施和将某些特种放射性废物保存设施改变成放射性废物处置设施，包括投产地下研究实验室，以便对深层高放射性水平废物处置进行研究和安全验证；投产低放射性水平废物和中放射性水平废物处置设施并处置这些废物；执行旨在将拥有特种放射性废物转型成特种放射性废物保存设施的活动。

6.4.2　过渡免费，政府补贴

在过渡时期，联邦国家机构和联邦国有企业收集、处理、回收或贮存放射性废物（包括废弃放射源）作业免费进行，资金由政府补贴，以便部分偿付这些作业相关的成本（俄罗斯联邦政府 2009 年 12 月 31 日第 1193 号决议）。根据决议，Rosatom 根据 2011 年 2 月 4 日第 89 号法令制定了《法人实体计算联邦预算中的收集、处理、回收和贮存放射性废物补贴费的方法指南》。

6.4.3　惯例贮存，转变流程

通常，核电站和大型核燃料循环企业在他们的场所进行放射性废物收集、部分处理和再贮存。

这一惯例已发生转变。大约有 90%的大型企事业单位不得不按照"产生—处理—包装—交给国家运营单位"的规则系统，来转变现有的放射性废物管理流程。对于一小部分单位，有可能为其已在使用的现场处置做法进行合法登记。这些都是有大量新产生废物的企事业单位。最后，对于个别超大型联合企业（例如，"Mayak"——马雅克工厂），需要执行独立的策略。对于其他放射性废物产生量很小的生产单位，最困难的是组织它们与国家运营单位间的合作问题（包括财务事情）。

6.4.4　处置计划，全面开展

2012 年，依据"俄放废法"建立了 NO RAO，它是政府唯一授权从事放射性废物最终处置的企业。在 NO RAO 的放射性废物处置规划框架中，共计处置 3 200 m³ 放射性废物，需要投入 3 070 亿卢布。其中，80%的费用要由放射性废物的所有者支付，另外 20%来自联邦预算。目前 NO RAO 下属三个分部，分别位于克拉斯诺雅茨克的 Zheleznogorskiy、托

木斯克的 Severskiy、乌里扬诺夫斯克的 Dimitrovgradskiy。

NO RAO 正规划在克拉斯诺雅茨克附近的热列兹诺戈尔斯克的花岗岩类岩石山丘地区建造一个地下实验室，计划 2024 年建成，研究处置固体高放废物和固体中放长寿命废物的可行性。

NO RAO 在规划一个 30 万 m³ 的低放、中放废物处置库，计划 2018 年开始建造。2016年 8 月，俄罗斯国土规划方案批准了 4 座低放、中放废物近地表处置库，分别是：马雅克地区的车里雅宾斯克，10 万 m³；西伯利亚地区的托木斯克，20 万 m³；乌拉尔电化学联合体场址，4.8 万 m³；列宁格勒州 SosnovyBor，5 万 m³。

NO RAO 已经获得车里雅宾斯克和托木斯克两地政府的批准，在马雅克生产联合体与西伯利亚化学联合体场址内处置低放、中放废物。2015 年 12 月，NO RAO 获得 Novouralsk处置库一期工程的运行许可，采用近地表处置的方式，于 2016 年开始在该处置库内处置来自乌拉尔电化学联合体的固体放射性废物。该处置库规划容量 15 万 m³，计划 2035 年建成。包括设施的设计、建造、运行维护及后续的监视，总计投资预计为 8.2 亿美元。

6.5　资金保障

《放射性废物法》第 22 条放射性废物管理活动的财物保障规定：放射性废物管理活动的资金来源包括联邦预算资金，联邦主体预算资金、地方预算资金、特别贮备资金、自有资金或法人的招募资金、自然资金，以及不被俄罗斯联邦法律禁止的其他来源。

——因从事活动而产生放射性废物的单位，在中间存放期到期之前应支付其存放费用。

——从事特殊辐射危险和核危险的生产单位和项目，用每季度各专门储备扣款的方式实现支付，这种扣款的数量由放射性废物存放的利润和经国家管理机构确定根据本年度预测的放射性废物产生量，且考虑将其按可接受准则带来放射性容量的变化来决定。

——专门储备金的扣款来自运营特殊放射性危险和核危险的生产单位和项目生成的储备金，储备金用来确保这些项目在它们的寿命期的所有阶段的安全和开发。

——不属于运营特殊放射性危险和核危险生产单位和项目，有责任按实际送交给国家运营商的放射性废物的体积和它们存放的利润缴费，在向国家运营商送交放射性废物时交付存放款。

6.6　启示与借鉴

（1）通过发布"俄放废法"，建立统一管理体系

由于历史原因，在放射性废物管理领域形成了一个庞杂的法规体系，监管条例时有冲突，缺少一套跨部门的总领性法律，阻碍现代化进程。

2011 年出台的"俄放废法"，建立了俄罗斯放射性废物管理的法律框架，代表了放射性废物管理的国家政策，要求建立一个放射性废物统一管理的国家体系。

（2）全新的管理策略、分类标准，处置计划全面开展

根据新的管理体系，重新制定了废物管理策略，制定了新的分类标准。全国范围内普查登记废物详情，根据结果规划处置设施分布。目前已开展了大量处置库的选址和建造计划。

第 7 章 ◇

结论与建议

与核电厂等其他核设施和核活动相比，放射性废物处置具有相同的安全目标与运行安全特征，但其长期性及其带来的不确定性，有别于以核事故为典型特征的核安全管理。美国、法国、英国和俄罗斯等有核电国家都对放射性废物管理或处置专门立法，界定各方责任、明确执行机构和建立资金保障机制。在众多国家中，法国管理模式比较接近我国实际情况，且具有多年成熟经验与良好表现，对我国实施放射性废物处置具有重要借鉴意义。

7.1 国外放射性废物管理经验总结

美国、法国、俄罗斯、英国和德国等国家均由政府组成部门统一负责国内放射性废物的管理工作，承担国家在放射性废物处置方面的责任，制定和组织实施放射性废物处置政策、规划。具体的实施和执行工作由执行机构承担。

放射性废物处置安全的长期性和系统性决定了处置的最终责任必须由国家承担。放射性废物的潜在危害可持续几百年到上万年，甚至百万年，保护后代、不给未来人类造成不当负担是放射性废物管理的基本原则之一。同时，放射性废物从产生、处理、贮存，到处置及处置后的长期监护，涉及环节多、周期长、管理层级繁杂、系统性强，需要国家统筹规划实施。

7.1.1 通过法律设立高层级统一的执行机构

各国均在政府和废物产生者之间设立专门机构统一负责全国高放废物或全部放射性废物的管理和处置工作，其类型包括政府组成部门、公共机构、国有独资公司和各核电集团公司联合成立的私营公司，如美国能源部负责全国高放废物和超 C 类低放废物的处置，其他低放废物的处置由各州政府负责。法国成立国家放射性废物管理机构 ANDRA，由法律和政府授权负责法国全部类型放射性废物处置的规划编制与实施，瑞典、芬兰等国家通过法律要求各核电集团公司共同出资成立统一实施各类型放射性废物处置的私营公司，并成立废物基金保证该公司所需。

7.1.2 完善的资金保证和筹措机制

各国都建立了完善的资金制度，其形式包括废物管理基金（如美国、日本、芬兰、瑞典等）、单独设立账户的专项基金（如法国等）、储备金（如俄罗斯等列入国家预算）、信托基金（如加拿大等）等。资金主要来自核电公司预提、放射性废物处置收费等，由监管机构（如瑞典）、管理机构（如俄罗斯）、执行机构（如法国）或第三方（如日本）负责管理。

7.1.3　专业化与市场化的运营模式

各国执行机构均通过发包或单独签订商业合同等方式，将处置设施的整体运营活动或某项专业活动交由专业化公司实施。如美国能源部与商业公司签订 WIPP 的运营合同；法国废物管理机构采取招标发包形式将处置运营中的相关活动外包给专业公司；英国通过多级承包与专业公司签署管理和运营合同；俄罗斯处置场属国家运营者（执行机构）所有，相关活动由专业化公司承担；德国废物处置活动则由废物处置建造与运行公司总承包。

法国放射性废物处置管理模式是完善我国放射性废物处置组织机构体系的有益借鉴。法国与我国类似，都有完善的核工业体系，放射性废物管理涉及的各方主体的性质相近。其放射性废物的主要产生者为核电公司（EDF）、后处理（AVERA）和部分军工核设施（CEA），我国各核电集团公司、核燃料循环设施和军工设施均属于国家所有。法国放射性废物类型近乎相同、存量相当。法国现有 58 个核电机组，与我国在运、在建核电机组总量相当。法国放射性废物处置组织机构体系完善、成熟，是国际上良好的成功示范，已安全处置 100 多万 m^3 放射性废物。

7.2　加强我国放射性废物管理的对策与建议

加快推进我国放射性废物及时安全处置是解决放射性废物环境安全问题的根本途径。通过对放射性废物处置现存问题及其政策、制度和技术等方面成因的分析，结合国外在放射性废物处置方面的良好实践，提出完善放射性废物处置立法体系、加快制定天然放射性废物处置政策、设立放射性废物处置执行机构、建设中等深度处置设施，推进深地质处置研发和利用高放废物处置库长期贮存乏燃料等对策与建议。

7.2.1　完善放射性废物管理立法体系

7.2.1.1　尽快制定放射性废物管理法

尽快立项制定放射性废物处置法，主要内容包括：

（1）明确处置责任

通过立法明确放射性废物处置最终责任由国家承担，处置设施选址和建造责任分别由地方政府和废物产生单位承担，并建立问责机制促进责任落实。

（2）确立放射性废物管理组织机构

协调我国现有放射性废物管理相关机构职能，建立责权明晰的放射性废物管理组织机构体系，包括管理机构、监管机构和执行机构。通过立法设立国家放射性废物处置主管机构，强化管理；明确执行机构主体，规定其职责范围、运作机制和资金体系等。

（3）建立国家放射性废物清单

建立全国放射性废物流存量清单，包括放射性废物现有存量和未来一定时间的预期产生量。明确放射性废物国家清单的地位、实施主体、废物信息调查与记录程序、定期更新与核查机制以及各废物产生单位的责任等。

（4）编制放射性废物管理国家规划

明确放射性废物处置顶层规划编制和修订的责任主体和程序，建立规划的审查机制，提出规划实施的保障措施和制度。

（5）建立放射性废物管理资金筹措和保证制度

建立放射性废物处置资金管理制度，明确资金来源、管理主体、使用范围和方法等，确保资金涵盖放射性废物处置研发、处置设施规划、选址、建造、运行、关闭和关闭后监护等各阶段费用。

（6）建立公众参与机制

建立完善的沟通协商机制和信息公开制度，保障公众放射性废物处置设施选址、建造、运行，特别是长期监护中的知情权，妥善引导公众合理表达诉求，在推进放射性废物安全处置过程中发挥积极作用。

7.2.1.2 修订《放射性废物安全管理条例》，制定配套规章

根据《核安全法》对放射性废物管理提出的一系列新要求，考虑《放射性废物处置法》的主要内容，修订《放射性废物安全管理条例》，特别是设立高放废物处置执行机构、落实地方政府在放射性废物处置规划编制与处置设施关闭后监护等方面的责任。制定《放射性废物地质处置安全规定》《放射性废物近地表处置安全规定》等配套规章，确保条例实施。

7.2.1.3　完善法规与标准体系

2017 年，我国发布《核安全法》，对放射性废物管理提出一系列新要求，也为放射性废物管理法规体系的完善提供了重要契机。一方面，通过修订《放射性废物安全管理条例》，细化和落实《核安全法》中有关放射性废物处理许可、处置责任划分、处置设施关闭后安全监护管理等方面的要求，针对放射性废物产生、处置前管理、处置、信息管理和许可制度等不同方面制定专门的管理和技术规章及一系列技术导则；另一方面，通过修订《放射性废物安全管理条例》，纳入《放射性废物安全监督管理规定》和《放射性废物管理规定》（GB 14500—2002）中有关管理和总体要求的内容，形成放射性废物管理的全面要求，作为对《放射性废物法》的细化和实施文件。

（1）以《放射性废物处置法》为统领，梳理现有的部门规章、导则和标准。从管理和技术两个方面构建我国放射性废物处置法规和标准两个体系，统一放射性废物处置安全要求。

（2）整合法规与标准，建立放射性废物处置安全标准体系。在核与辐射安全监管体系中，建立放射性废物管理安全技术标准系列文件，作为技术规章的细化要求，其在效力上具有强制性，在适用范围上具有普适性。

（3）规范法规标准中内容的描述方式，与其层级、效力和性质相适应。梳理我国现有法规标准，规范不同层级、不同类型文件内容的描述方式，区分技术与管理、强制与推荐、总体与细化等要求。部门规章和核安全系列标准具有强制性，管理类规章和相应导则具有管理性质，技术规章及相关导则和标准应突出技术性，见表 7-1、图 7-1。

表 7-1　放射性废物管理法规体系

层级		相关法规
法律		核安全法、辐射防护法、放射性废物法
行政法规		民用核设施安全监督管理条例、放射性废物安全管理条例
部门规章	管理规章	放射性废物处理、贮存与处置许可管理办法，核设施退役许可管理办法
	技术规章	放射性废物信息管理规定、放射性废物处置安全规定、放射性废物处置前管理规定
导则	管理导则	许可申请文件要求
	技术导则	安全分析报告格式与内容、审评大纲
技术文件		—

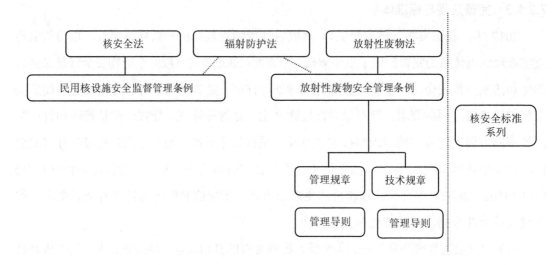

图 7-1　建议的法规标准体系

7.2.2　加快制定天然放射性废物管理政策

7.2.2.1　核燃料循环前端放射性废物

根据天然放射性废物（包括铀矿冶废物、NORM 废物和核燃料循环前端含铀废物）的特性和天然放射性核素的安全目标与管理特点，研究确定天然放射性废物处置的可行策略，包括废矿井处置、中等深度处置、近地表处置、填埋处置等。根据不同的处置策略确定天然放射性废物的具体分类及其限值。

铀前端废物应属于天然放射性废物，按照天然放射性废物管理原则选择处置方式，才是科学合理的；从长期安全角度来看，采用近地表处置场、废矿井或铀尾矿库等设施处置铀前端废物均能满足辐射防护要求，而从处置理念角度来看，采用废矿井、铀尾矿库等设施更具优势。应基于上述结论，明确核燃料循环前端放射性固体废物属于天然放射性废物，将其按照天然放射性废物进行管理，实行和铀矿冶废物相同的处置方式。同时开展工程技术研究，尽快安全处置。

（1）围绕铀尾矿库（废矿井）处置方式进一步开展研究

完善现有的法规标准体系，包括在现有的放射性废物分类体系中纳入铀前端废物的分类理念，开发废物整备技术标准、铀尾矿库接收标准和废物处置前管理导则等。

（2）进一步开展核燃料循环前端放射性固体废物管理和处置的安全要求与相关技术等

研究工作

（3）建立有效的组织机制，统一规划和实施铀前端废物的处置工作

7.2.2.2 NORM 废物

NORM 放射性废物对环境的辐射影响是一个长期的综合过程，为避免带来高昂代价，应及早建立有效的管理体系，制订矿产资源开发利用废物管理政策、部门规章、技术导则和技术标准，明确 NORM 废物范畴和分类，深入开展 NORM 行业放射性调查和辐射影响评价研究，实施源头控制和全过程监管，加强基础性科学问题研究和工程技术研究，尽快安全处置。

（1）研究制定《天然放射性废物管理规定》

明确我国 NORM 管理范畴，既能够与现行法规标准和审管制度衔接，也要补充完善一致的放射性指标要求。进一步完善 NORM 废物分类管理（例如，伴生矿产资源开发利用、建材、氡照射控制等方面）的行业标准，逐步规范和形成天然放射性废物管理的法规标准体系。

（2）开展全国性重点 NORM 行业放射性调查和关键环节辐射影响评价研究

针对重点伴生放射性矿产资源开发实施源头控制，针对 NORM 物料生产、加工到产品流通（含尾矿处置）的关键环节实施全过程监管。完善并细化名录管理制度。加强基础性科学问题和相关问题研究。例如，适合我国实际情况的大批量物料的天然放射性核素豁免（或清洁解控）水平值推导、进出口的伴生矿产资源及其他含天然放射性物质的管理等。

（3）以监管机构为主导，强化监管机构职责

与辐射环境监管机构相比，NORM 企业管理人员在辐射环境管理方面的认识和能力普遍不足，难以履行相应的管理职责，因此，强化监管机构在辐射环境管理中的作用，以监管机构为主导可以作为推进伴生矿开发利用辐射环境管理、解决管理无序问题的一条途径。由于 NORM 企业数量众多、规模各异，建议在生态环境部对全国 NORM 开发利用辐射环境实施统一监督管理的基础上，以地方辐射环境监管机构（辐射环境监督站）为辐射环境管理的主体和责任单位，通过制定技术导则和监管措施、组织研究和实施管理技术和方法引导企业减少放射性核素的富集和天然放射性水平升高带来的潜在危害。在具体的管理方法上实施分级管理，针对不同的污染源，采取不同的管理措施，以合理分配行政管理资源，如国际原子能机构建议采取通知、注册和许可三种审管方式；加拿大根据公众和工作人员所受有效剂量分为不控制、NORM 管理、剂量管理和辐射防护管理四级管理；澳大

利亚分为筛选评价（1 mSv/a）和许可审管（NORM 管理计划，辐射管理计划）两种管理方式。

（4）开发 NORM 放射性废物处置示范工程

以生态环境部（国家核安全局）为组织实施主体，选取特定的伴生矿工业和企业（如稀土矿企业），针对现有积存的放射性废物研究开发废物处置策略、选址技术与处置工程设施，为地方监管机构和伴生矿企业实施废物处置提供示范和技术指导，推进相关安全标准的制定。处置策略和工程设施的开发通常考虑放射性废物的活度水平：对于放射性水平较低的废物宜就近处置，如回填采空区等；放射性水平较高的废物宜按就近原则送交填埋场和低中放固体废物处置场。

（5）建立资金保证制度

建议建立由辐射环境监管部门、NORM 行业主管部门、国家财政部门等多部门参与的协调机构，如 NORM 辐射环境管理办公室，负责组织制定资金保证制度，包括资金筹措、管理组织、管理形式和使用方法等。采用基金式管理，设立管理委员会和监督委员会，基于财权与事权的统一，由监管机构成立管理委员会，将基金用于辐射环境的治理、为减少放射性核素的富集和放射性废物的产生对工艺技术的改进与优化和放射性废物处置等方面。由伴生矿企业、地方政府等共同成立监督委员会，对基金的管理和使用情况进行监督管理。根据 "污染者付费"的原则，管理资金主要来自产生污染的伴生矿企业，构成伴生矿开发利用的必然成本，并以税费或保证金等形式体现，包括预提保证金、废物处置基金和对企业所致污染的罚金等。

7.2.3 加强放射性废物管理组织机构建设

7.2.3.1 提升国家政府放射性废物管理部门层级，增加人员

在国务院核工业行业主管部门内新设立司级部门，人员编制 20 人左右，专门负责全国放射性废物处置前与处置工作的顶层设计、总体布局、统筹协调、整体推进、督促落实，组织编制国家放射性废物管理规划和放射性废物处置场所选址规划，组织实施放射性废物处置的研发、选址、建设、运营和关闭等各阶段工作。

增设放射性废物管理专家委员会，作为国务院核工业行业主管部门在放射性废物管理方面的常设技术咨询机构，负责放射性废物管理国家规划和相关重大项目的技术咨询与评审。

国务院生态环境主管部门，增强放射性废物安全监管人员与技术力量，强化对放射性

废物管理国家执行机构和设施的监管，参与放射性废物管理国家规划和放射性废物处置场所选址规划的编制，并负责督查省级地方政府在放射性废物处置方面的履职情况。

7.2.3.2 设立国家放射性废物管理执行机构

设立国家放射性废物管理执行机构，性质为事业单位，统一开展高放废物处置库、中放废物处置场和低放废物处置场的研发、选址、建造、运营以及关闭期间的管理工作，并承担国家放射性废物处置选址规划的编制和实施工作。执行机构为处置设施的业主单位和许可证持有单位，负责处置设施及其场址的长期管理，授权履行国家在放射性废物长期处置方面的职责。国务院核工业行业主管部门通过设立科研与工程专项为机构运行提供资金保障。

落实《核安全法》和《放射性废物安全管理条例》中有关放射性废物处置单位资质管理的要求。推行低放废物处置场商业化运营模式，鼓励有资质的单位通过合同发包形式承担处置场整体运行或某项具体活动，促进专业发展和技术创新。

7.2.3.3 落实省级人民政府在核电厂放射性废物处置中的责任

落实省级人民政府在低放废物处置场规划编制、选址和关闭后监护的法律责任。已有或拟建核电厂的省级政府设立放射性废物处置协调机构，应积极履行《核安全法》和《放射性污染防治法》规定的职责，研究提出在其行政区域内建设低放废物处置场或送交其他处置场处置的建议，并参与国家低放废物处置场所选址规划的编制。省级政府应根据国家低放废物处置场所选址规划，提供处置场建设用地，为规划中明确在本辖区内建设的放射性废物处置设施的建造与运行提供必要支持，同时承担其辖区内放射性废物处置设施关闭后的安全监护工作；或与其他省级政府签订废物送交处置的协议，并向其提供生态补偿费。

7.2.3.4 建立环境补偿机制

生态环境部组织研究建立不同省及省内不同地区放射性废物处置的环境补偿机制，明确环境补偿的主体和客体、补偿标准以及核电厂、核燃料循环设施等不同废物产生者在补偿中所占的比例。具体环境补偿金额，应由废物产生地与处置地的省级人民政府协商确定。

7.2.4 建设中等深度处置设施，推进深地质处置研发

7.2.4.1 尽快在甘肃省开始中等深度处置场选址

明确中等深度处置场由国家建造和运营。根据我国国情和中放废物量，拟建设一个集中的中等深度处置场。利用我国高放废物处置选址积累的资料，尽快在甘肃省开展中等处

置场选址工作。根据法国等国外实践经验，考虑在高放废物处置场区处置中放废物。

7.2.4.2 制订国家中等深度处置研发计划

设立国家科研专项，制订国家中等深度处置研发计划并组织实施。研发计划中应包括法规标准、废物处理、废物容器、场址调查与评价、处置技术、安全评价与安全全过程系统分析等内容。

7.2.4.3 加快高放废物地下实验室建设

落实《高放废物地质处置研究开发规划指南》，加快地下实验室建设进程，努力在 2020 年建设高放废物地质处置地下实验室。

7.2.5 利用高放废物处置库长期贮存乏燃料

坚持乏燃料闭式循环的国家政策，适度建设后处理设施，保持后处理设施建设与快堆建设相协调；乏燃料短期贮存与高放废物处置库长期贮存相结合，留待未来后处理。

7.2.5.1 适度建设后处理设施

后处理设施的建设规模与进度应与快堆建设相协调，有效地解决后处理产品的出路和后处理设施的经济性。适度建设后处理设施，减轻乏燃料贮存压力，有利于乏燃料贮存安全。

即使暂时不建设快堆，保持一定的后处理能力也是十分必要的。像美国这样一次通过技术路线的国家，也仍旧保持后处理能力，特别是研发能力。在实行闭式循环技术路线的中国，更为必要。适当的后处理能力可以保持较高水平的研发、运行能力，以便在快堆推广时具备国际领先的后处理技术。

后处理设施的建设规模与进度，应与快堆建设相协调。建设多大规模的后处理设施，主要取决于快堆的建设规模和建设进度，而不是压水堆的建设规模。与快堆建设相协调，可以有效地解决后处理产品的出路和后处理设施的经济性。

目前，有些学者将后处理得到的铀钚经济性与浓缩设施得到的铀经济性直接相比，认为后处理的经济性不足，笔者认为，这样的比较方法和得出的结论有待商榷。后处理技术主要是为了提取铀、钚用于快堆，而不是返回至压水堆。目前由于快堆建设相对较慢，后处理产品不得不应用到压水堆。如果后处理得到的铀、钚产品不能有效利用，就没有经济性，在市场经济下没有前景。国际上目前也只有法国持续运行较大规模的后处理设施。因此，后处理设施的建设必须与快堆建设相协调。后处理的经济性评价必须考虑快堆因素，而不能孤立看待。

此外，适度建设后处理设施，有利于乏燃料贮存安全。可以在后处理设施厂址内建设大型乏燃料湿法贮存设施，解决目前压水堆乏燃料暂存问题，避免每个核电厂址都建设乏燃料干法贮存设施，减少乏燃料干式贮存设施的数量，有利于安全。

7.2.5.2　采用干、湿贮存相结合的方式

针对乏燃料快速增长和后处理能力相对滞后的矛盾，采用"干、湿贮存相结合，分散与集中相衔接方式"统筹贮存能力布局。在后处理设施规模与快堆发展相协调的情形下，压水堆乏燃料的数量与后处理能力不协调的情况会在相当长的一段时间内存在，必然有大量的乏燃料需要贮存，留待未来后处理。目前，一些运行核电厂正在厂址内建设乏燃料干式贮存设施，以保障核电运行。可以在后处理设施厂址内建设大型乏燃料湿法贮存设施，避免每个核电厂址都建设乏燃料干法贮存设施，有利于安全。

7.2.5.3　乏燃料在高放废物处置库长期贮存

在后处理设施规模与快堆发展相协调的情形下，后处理能力与乏燃料数量不协调的情况会在相当长一段时间内存在，因此，乏燃料长期安全贮存问题是制约乏燃料闭式循环政策有效实施的关键因素。

地质处置库能够提供高放废物（包括乏燃料）与外部环境上万年的安全隔离，更可有力确保乏燃料长期贮存安全。高放废物地质处置库的可观处置容量，可以满足所有乏燃料的长期贮存需求，其设计上的可回取性，也为乏燃料长期贮存提供了一种更为安全和经济的途径。

鉴于一个国家一般建设一个高放废物地质处置库，因此对于中国这样的核大国，高放废物地质处置库必然具有相当规模的处置容量，可以满足所有乏燃料的长期贮存需求。

乏燃料在高放废物处置库中的可回取性，是能否采用高放废物处置库进行乏燃料长期贮存的关键。目前，国际上对采取可回取方法进行高放废物地质处置已经达成广泛共识，开展了大量的研究，并且已具有一定的工程实践。法国更将可回取明确列入放射性废物处置的法律要求中，将可回取性作为地质处置库许可批准的必要条件。通常，可回取性应确保乏燃料在放入地质处置库后的 200 年内可回取。地质处置库可回取技术的主要起因在于乏燃料的资源禀性、为未来人类保留选择权利和获得公众认可等，但客观上为乏燃料长期贮存提供了一种更为安全和经济的途径，从规模上更具优势。

7.2.5.4 短期贮存与长期贮存相结合

高放废物地质处置库可实现乏燃料长期贮存，但鉴于目前尚未开始建设，因此，需要与短期贮存统筹考虑，将长期贮存和短期贮存相结合，以满足乏燃料长期安全管理的需求。根据国家高放废物处置研发计划，2020 年前建成地下实验室，2050 年前建成高放废物地下处置库。根据国际高放废物地质处置研发的实践经验，地质处置库的建设周期可能会比预期更长。因此，应结合地质处置库的建造进展，规划乏燃料的干法或湿法暂存。在高放废物处置库中增加乏燃料长期贮存的建设目的，也可推动高放废物处置库的建设，同时可扩充处置库建设的资金来源，有利于高放废物长期安全。

在坚持乏燃料闭式循环政策的前提下，适当考虑部分乏燃料的直接处置。根据国际乏燃料管理实践经验，由于后处理技术制约、乏燃料所含有用核素不足和后处理燃料利用价值低等因素，部分乏燃料或某些类型乏燃料不宜进行后处理，而应进行直接处置。从经济性考虑，在乏燃料长期贮存基础上可适当考虑对部分乏燃料进行直接处置，以合理确定乏燃料未来后处理需求，减少乏燃料长期贮存压力，从经济性角度更好地确保乏燃料长期安全。

因此，在高放废物处置库中对乏燃料进行长期贮存，可有效解决乏燃料的长期贮存问题。

7.2.5.5 合理规划高放废物处置的建设目标和规模

将高放废物处置库的建设与核电发展相结合，加快推进高放废物处置库建设，考虑乏燃料长期贮存需求。统筹考虑高放废液固化体、重水堆和高温气冷堆等堆型乏燃料的处置需求，以及留待后处理的乏燃料的长期贮存需求，合理确定高放废物处置库的建设规模。

高放废物处置库的建设进度，应考虑乏燃料短期贮存（湿法或干法在堆贮存）能力，确保乏燃料短期贮存与长期贮存相衔接。同时，在高放废物处置研发规划中，考虑可回取性、乏燃料贮存方案及其安全的研发内容。

将高放废物处置库的建设与核电发展相结合，在高放废物处置库建设目标中，增加乏燃料长期贮存的内容。明确提出在高放废物处置库设计中应考虑可回取性，将可回取设计特性和可回取时间与乏燃料长期贮存期限的需求相结合。分别考虑湿法暂存乏燃料和干法暂存乏燃料的贮存方案，以及轻水堆、重水堆、高温气冷堆等不同类型乏燃料的贮存和处置方案，即在建设目标中要纳入相应的建设内容。在处置库的设计中考虑乏燃料贮存与后续处置目标的衔接。

　　统筹考虑来自乏燃料后处理的高放废液固化体的处置需求，重水堆和高温气冷堆等暂时不宜后处理的乏燃料的处置需求，以及压水堆等拟未来进行后处理的乏燃料的长期贮存需求，合理确定高放废物处置库的建设规模。基于现有的高放废液固化工艺，将乏燃料在处置库中长期贮存不会增加预期的建设规模。

　　高放废物处置库的建设进度，应考虑乏燃料短期贮存（湿法或干法在堆贮存）的能力，确保乏燃料短期贮存与长期贮存有效衔接。乏燃料在高放废物处置库中长期暂存具有安全和经济上的优势，但如果处置库的建设进度无法确保短期贮存的乏燃料及时运出，而不得不增加短期暂存能力，则不可避免地在整体上造成经济损失和安全风险增加。

　　在高放废物处置研发规划中，考虑可回取性、乏燃料贮存方案及其安全的研发内容，同时在高放废物地质处置地下实验室的设计和相关研发项目中考虑可回取和乏燃料贮存安全的现场试验，包括可回取设计特征的可行性和可靠性、贮存容器长期安全性及其与周围材料的相适性。

7.2.5.6　使用乏燃料资金

　　基于乏燃料长期贮存的目的，高放废物处置库的建设可部分使用乏燃料基金。2010年，财政部、国家发展改革委和工业和信息化部发布实施《核电站乏燃料处理处置基金征收使用管理暂行办法》，国家原子能机构于 2014 年制定《核电站乏燃料处理处置基金项目管理办法》，明确基金使用范围和方法。截至目前，该基金累计 117 亿元，可用于乏燃料贮存和后处理。若将高放废物处置库作为乏燃料长期贮存的方案，则可从乏燃料离堆贮存角度得到该基金的支持。这将有力推进高放废物处置工作进展，临时解决高放废物处置面临的缺少专项基金支持的困境。

　　高放废物处置库的建设可部分使用乏燃料基金。《核电站乏燃料处理处置基金征收使用管理暂行办法》已于 2010 年由财政部、国家发展改革委和工业和信息化部发布实施。该办法规定乏燃料处理处置基金的使用范围包括乏燃料运输、乏燃料离堆贮存、乏燃料后处理、后处理产生的高放废物的处理处置、后处理厂的建设、运行、改造和退役等。从使用范围来看，该基金主要用于与乏燃料直接相关的活动，与高放废物处置直接相关的研发活动并不包含在内。目前，高放废物处置相关的活动也并未得到该基金支持。若将高放废物处置库作为乏燃料长期贮存的途径，则可从乏燃料离堆贮存角度得到该基金的支持，将有力推进高放废物处置工作进展，解决高放废物处置目前面临缺乏专项基金支持的困境。

参考文献

[1] International Atomic Energy Agency（IAEA）：IAEA Safety Standards Series No. SF-1，Fundamental Safety Principles，Safety Fundamentals，Vienna，2006.

[2] IAEA. Safety Assessment for Near Surface Disposal of Radioactive Waste. safety guide No.WS-G-1.1. Vienna. 1999.

[3] ICRP. Radiation Protection Recommendations as Applied to the Disposal of Long-lived Solid Radioactive Waste. ICRP Publication 81. July 2000.

[4] ICRP. Recommendations of the International Commission on Radiological Protection. ICRP Publication 60，1990.

[5] OECD/NEA. Disposal of Radioactive Waste – Can Long-Term Safety Be Evaluated? Paris. 1991.

[6] Learning and Adapting to Societal Requirements for Radioactive Waste Management，NEA No. 5296，Paris，OECD. 2004.

[7] Stepwise Approach to Decision Making for Long-term Radioactive Waste Management，NEA No. 4429，Paris，OECD. 2004.

[8] The Regulator's Evolving Role and Image in Radioactive Waste Management，NEA No. 4428，Paris，OECD. 2003.

[9] A. Bleise，P.R. Danesi，W. Burkart. Properties，use and health effects of depleted uranium（DU）：a general overview[J]. Journal of Environmental Radioactivity，2003，64：93-112；WHO. Guidelines for Drinking Water Quality，Health Criteria and other Supporting Information（second ed.）. Geneva，Switzerland，1998.

[10] Food and agriculture organization of the united nations，international labour organisation，oecd nuclear energy agency，pan american health organization，world health organization，International Basic Safety

Standards for Protection against Ionizing Radiation and for the Safety of Radiation Sources，Safety Series No. 115，IAEA，Vienna，1996.

[11] France. Fourth National Report on Compliance with the Joint Convention Obligations，the Joint Convention on the Safety of Spent Fuel Management and on the Safety of Radioactive Waste Management. 2011.

[12] GREVOZ，A. Disposal options for low-level long lived waste in France，Disposal of Low Activity Radioactive Waste（Proc. Int. Symp. Cordoba，Spain，2004），IAEA，Vienna，2005.

[13] IAEA. Classification of Radioactive Waste. Safety Series No. 111-G-1.1. 1994.

[14] IAEA. Classification of Radioactive Waste，IAEA，GSG-1. 2009.

[15] IAEA. Disposal Approaches for Long Lived Low and Intermediate Level Radioactive Waste. No.NW-T-1.20，2009.

[16] IAEA. Application of the Concepts of Exclusion，Exclusion Clearance. RS-G-1.7. 2004.

[17] IAEA. Derivation of activity limits for the disposal of radioactive waste in near surface disposal facilities. TECDOC-1380，2003.

[18] IAEA. Extrapolation of short term observations to time periods relevant to the isolation of long lived radioactive waste. TECDOC-1177，2000.

[19] IAEA. Natural activity concentrations and fluxes as indicators for the safety assessment of radioactive waste disposal. TECDOC-1464，2005.

[20] IAEA. Regulatory and management approaches for the control of environmental residues containing naturally occurring radioactive material（NORM）. TECDOC-1484，2006.

[21] ICRP. Radiation Protection Recommendations as Applied to the Disposal of Long-lived Solid Radioactive Waste. ICRP Publication 81，2000.

[22] Japan. Joint Convention on the Safety of Spent Fuel Management and on the Safety of Radioactive Waste Management National Report of Japan for the Fourth Review Meeting. 2011.

[23] MINON，J.P.，DIERCKX，A.，DE PRETER，P. Issues for the disposition of long lived low activity waste （Proc. Int. Symp. Cordoba，Spain，2004）. IAEA，Vienna，2005.

[24] NRC. Licensing requirements for land disposal of radioactive waste. 10 CFR 61，1992.

[25] NRC. Response to Commission Order CLI-05-20 Regarding Depleted Uranium. Commission Paper SECY-08-0147，October，7，2008.

[26] NRC. Staff Requirements – SECY-08-0147 – Response to Commission Order CLI-05-20 Regarding Depleted Uranium，Commission Staff Requirements Memorandum SRM-SECY-08-0147，March 18，2009.

[27] NRC. Summary of existing guidance that may be relevant for reviewing performance assessments supporting disposal of unique waste streams. FSME-10-030，2010.

[28] NRC. Site specific analysis for demonstrating compliance with subpart C performance objectives，preliminary proposed rule language. 10CFR61，2011.

[29] U.S. Department of State. United States of America Fourth National Report for the Joint Convention on the

Safety of Spent Fuel Management and on the Safety of Radioactive Waste Management，U.S. Department of Energy，In Cooperation with the U.S. Nuclear Regulatory Commission，U.S. Environmental Protection Agency，2011.

[30] U.S. General Accounting Office，Nuclear Waste: Slow Progress Developing Low-Level Radioactive Waste Disposal Facilities（GAO/RCED-92-61），1992.

[31] Public Law 99-240，Low-Level Radioactive Waste Policy Amendments Act，1985.

[32] A. Marice Ashe，The Low-Level Radioactive Waste Policy Act and the Tenth Amendment: A Paragon of Legislative Success or a Failure of Accountability，Ecology Law Quarterly，Volume 20 Issue 2.

[33] ANDRA. Analysis of Reversibility Levels of a Repository in a Deep Argillates Formation，Rep. CRPAHVL04.0028. 2005.

[34] OECD/NEA. Reversibility of Decisions and Retrievability of Radioactive Waste: An Overview of Regulatory Positions and Issues. 2015.

[35] 乏燃料管理安全与放射性废物管理安全联合公约中国第二次履约报告. 2011.

[36] 放射性废物的分类，GB 9133—1995.

[37] 国家质量监督检验检疫局. 电离辐射防护与辐射源安全基本标准（GB 18871—2002）. 2002.

[38] 国家环境保护局. 低中水平放射性固体废物的浅地层处置规定（GB 9132—88）. 1988.

[39] 铀矿冶辐射防护和环境保护规定》（GB 23727—2009）. 国家质量监督检验检疫局，2009.

[40] 谷存礼. 镭厂退役废物分类与处理处置. 辐射防护通讯，1999（5）.

[41] 罗上庚. 放射性废物处理与处置. 北京：中国环境科学出版社，2007.

[42] 放射性废物管理政策与策略，NW-G-1.1 2009.

[43] 洪哲，赵善桂，张春龙，等. 我国乏燃料离堆贮存需求分析. 核科学与工程，2016，36（3）：411-418.

[44] 国家发展和改革委员会. 核电中长期发展规划（2005—2020 年）. 2007，10.

[45] 国防科工委. 核工业"十一五"发展规划. 2006，8

[46] 国务院新闻办公室. 《中国的能源政策（2012）》白皮书. 2012，10.

[47] 国务院办公厅. 能源发展战略行动计划（2014—2020 年）. 2014，11.

[48] 国防科工局. "十三五"核工业发展规划. 2017，2.

[49] 《乏燃料管理安全和放射性废物管理安全联合公约》第六次审议会议中国国家报告. 2017，7.

[50] 国家发展和改革委员会，国家能源局. 关于印发《能源技术革命创新行动计划（2016—2030 年）》的通知（发改能源〔2016〕513 号）. 2016，4.

[51] 国家发展和改革委员会，国家能源局. 能源技术革命重点创新行动路线图. 2016，4.

[52] 国防科学技术工业委员会，科学技术部，国家环境保护总局. 高放废物地质处置研究开发规划指南. 2006，2.

[53] 潘自强，钱七虎. 高放废物地质处置战略研究. 北京：原子能出版社，2009.

[54] 张建平，王琳. 世界高放废物地质处置及 R&R 研究进展. 能源研究与管理，2015.6.

[55] 孙庆红. 伴生放射性废物管理探讨. 辐射防护通讯，2005，25（4）：17-24.

[56] 罗建军，孙庆红. NORM/TENORM 照射的管理. 辐射防护通讯，2009，29（3）：4-12.

[57] 帅震清，温维辉，赵亚民等. 伴生放射性矿物资源开发利用中放射性污染现状与对策研究. 辐射防护通讯，2001，21（2）：3-7.

[58] 苏永杰，封有才. 我国伴生放射性矿环境管理中存在问题的讨论. 辐射防护通讯，2007，27（1）：23-27.

[59] 叶际达，孔玲莉. 五省放射性伴生石煤矿开发和利用对环境影响研究. 辐射防护，2004，24（1）：1-23.

[60] 潘自强. 我国天然辐射水平和控制中一些问题的讨论. 辐射防护，2001，21（5）：257-268.

[61] 戴霞，刁端阳，孙自然. 江苏省伴生放射性矿开发利用中环境保护管理的现状及改进. 辐射防护通讯，2007，27（2）：24-27.

[62] 李业强，田伟，葛良全，等. 重庆市伴生放射性水平调查. 三峡环境与生态，2007，2（6）：6-8.

[63] 陈志东，林清，邓飞，等. 广东省伴生放射性矿资源利用过程辐射水平调查. 辐射防护，2002，22（5）：29-32.

[64] 李莹，万明，陈晓峰，等. 江西省伴生放射性石煤矿开发利用环境影响研究. 辐射防护，2004，24（5）：297-313.

[65] 范智文. 铀、钍伴生矿放射性废物的管理. 辐射防护通讯，2001，21（5）：7-10.

[66] 夏益华. 关注人类生活引起天然照射的增加问题. 辐射防护，2001，21（1）：11-18.

[67] 潘自强. 人为活动引起的天然辐射职业性照射的控制——我国国民所受的最大和最高职业照射. 中国辐射卫生，2002，11（3）：129-133.

附 录 ◇

乏燃料管理安全和放射性废物管理安全联合公约

1．国际原子能机构于 1997 年 9 月 1—5 日在其总部举行外交会议，该会议于 1997 年 9 月 5 日通过了《乏燃料管理安全和放射性废物管理安全联合公约》。该联合公约在国际原子能机构第四十一届常会期间从 1997 年 9 月 29 日起在维也纳开放供签署，并将继续开放供签署直至其生效。

2．根据第 40 条规定，该联合公约将于向保存人交存第 25 份批准书、接受书或核准书之日后第 90 天生效，其中应包括 15 个每个国家的此类文书（有一座运行的核动力厂）。

3．已通过的该公约的文本附后以通告成员国。

乏燃料管理安全和放射性废物管理安全联合公约

第 19 条　立法和监管框架

第 20 条　监管机构

第 21 条　许可证持有者的责任

第 22 条　人力与财力

第 23 条　质量保证

第 24 条　运行辐射防护

第 25 条　应急准备

第 26 条　退役

第 5 章　其他规定

第 27 条　超越国界运输

第 28 条　废密封源

第 6 章　缔约方会议

第 29 条　筹备会议

第 30 条　审议会议

第 31 条　特别会议

第 32 条　提交报告

第 33 条　出席会议

第 34 条　简要报告

第 35 条　语言

第 36 条　保密

第 37 条　秘书处

第 7 章　最后条款和其他规定

第 38 条　分歧的解决

第 39 条　签署、批准、接受、核准和加入

第 40 条　生效

第 41 条　公约的修正

序　言

缔约各方

（i）认识到核反应堆的运行产生乏燃料和放射性废物以及核技术的其他应用也产生放射性废物；

（ii）认识到相同的安全目标既适用于乏燃料管理也适用于放射性废物管理；

（iii）重申确保为乏燃料和放射性废物管理安全而规定并实行良好的做法对国际社会的重要性；

（iv）认识到使公众了解与乏燃料和放射性废物管理安全有关问题的重要性；

（v）希望在世界范围内促进有效的核安全文化；

（vi）重申确保乏燃料和放射性废物管理安全的最终责任由当事国承担；

（vii）认识到制定燃料循环政策是当事国的责任，一些国家把乏燃料视为可后处理的有价值的资源，另一些国家决定对乏燃料进行处置；

（viii）认识到因属于军事或国防计划范围而被排除在现公约以外的乏燃料和放射性废物应当依照本公约中所述目标进行管理；

（ix）确认通过双边和多边机制以及本鼓励性公约在加强乏燃料和放射性废物管理安全方面进行国际合作的重要性；

（x）念及发展中国家尤其是最不发达国家和经济正在转型国家的需要以及改善现有机制以帮助这些国家行使和履行本鼓励性公约中规定的权利和义务的需要；

（xi）深信就与放射性废物管理安全相适应而言，此类物质应当在其产生的国家中处置，同时认识到，在某些情况下，通过缔约各方之间为其他各方利益而利用其中一方的设施的协议可促进乏燃料和放射性废物的安全与高效率的管理，在废物来源于联合项目时尤其如此；

（xii）认识到任何国家都有权禁止外国乏燃料和放射性废物进入其领土；

（xiii）铭记《核安全公约》（1994 年）、《及早通报核事故公约》（1986 年）、《核事故或辐射紧急情况援助公约》（1986 年）、《核材料实物保护公约》（1980 年）、经修正的《防止

倾倒废物及其他物质污染海洋公约》（1994 年）和其他相关国际文书；

（xiv）铭记机构间的《国际电离辐射防护和辐射源安全基本安全标准》（1996 年）、题为《放射性废物管理原则》（1995 年）的国际原子能机构安全基本法则以及与放射性物质运输安全有关的现有国际标准中所载的原则；

（xv）忆及 1992 年在里约热内卢举行的联合国环境和发展大会上通过的《21 世纪议程》的第 22 章，该章重申了放射性废物的安全和与环境相容的管理的至关重要性；

（xvi）认识到有必要加强专门适用于《管制有害废物越界移动及其处置的巴塞尔公约》（1989 年）第 1（3）条提到的放射性物质的国际控制系统。

兹协议如下：

第 1 章　目标、定义和适用范围

第 1 条　目标

本公约的目标是：

（i）通过加强本国措施和国际合作，包括情况合适时与安全有关的技术合作，以在世界范围内达到和维持乏燃料和放射性废物管理方面的高安全水平；

（ii）在满足当代人的需要和愿望而又无损于后代满足其需要和愿望的能力的前提下，确保在乏燃料和放射性废物管理的一切阶段都有防止潜在危害的有效防御措施，以便在目前和将来保护个人、社会和环境免受电离辐射的有害影响；

（iii）防止在乏燃料或放射性废物管理的任何阶段有放射后果的事故发生，和一旦发生事故时减轻事故后果。

第 2 条　定义

就本公约而言：

（a）"关闭"系指乏燃料或放射性废物在一处置设施中就位后的某个时候所有作业均告完成，这包括使该设施达到长期安全的状态所需的最后工程或其他工作；

（b）"退役"系指使处置设施以外的核设施免予监管性控制已采取的所有步骤，这些步骤包括去污和拆除过程；

（c）"排放"系指作为一种合法的做法，在监管机构批准的限值内，源于正常运行的受监管核设施的液态或气态放射性物质有计划和受控地释入环境；

（d）"处置"系指将乏燃料或放射性废物置于合适的设施内并且不打算回取；

（e）"许可证"系指监管机构颁发的关于进行任何乏燃料或放射性废物管理活动的任何授权书、许可书或证明书；

（f）"核设施"系指以需要考虑安全的规模生产、加工、使用、装卸、贮存或处置放射性物质的民用设施及其有关土地、建筑物和设备；

（g）"运行寿期"系指乏燃料或放射性废物管理设施用于预定目的的期限。就一座处置设施而言，这一期限从乏燃料或放射性废物首次放入该设施开始，至该设施关闭时终止；

（h）"放射性废物"系指缔约方或者其决定得到缔约方认可的自然人或法人预期不做任何进一步利用的而且监管机构根据缔约方的立法和监管框架将它作为放射性废物进行控制的气态、液态或固态放射性物质；

（i）"放射性废物管理"系指与放射性废物的装卸、预处理、处理、整备、贮存或处置有关的一切活动，包括退役活动，但不包括场外运输。放射性废物管理也可涉及排放；

（j）"放射性废物管理设施"系指主要用于放射性废物管理的任何设施或装置，包括正在退役的核设施，条件是缔约方将其指定为放射性废物管理设施；

（k）"监管机构"系指缔约方授予监管乏燃料或放射性废物管理安全的任何方面的法定权力，包括颁发许可证权力的一个机构或几个机构；

（l）"后处理"系指旨在从乏燃料中提取可进一步使用的放射性同位素的过程或作业；

（m）"密封源"系指永久密封在小盒内或受到严密约束并呈固态的放射性物质，不包括反应堆燃料元件；

（n）"乏燃料"系指在反应堆堆芯内受过辐照并从堆芯永久卸出的核燃料；

（o）"乏燃料管理"系指与乏燃料的装卸或贮存有关的一切活动，不包括场外运输。乏燃料管理也可涉及排放；

（p）"乏燃料管理设施"系指主要用于乏燃料管理的任何设施或装置；

（q）"抵达国"系指计划的或正在进行的超越国界运输将抵达的国家；

（r）"启运国"系指计划开始的或已开始的超越国界运输从其出发的国家；

（s）"过境国"系指计划的或正在进行的超越国界运输通过其领土的除启运国或抵达国以外的任何国家；

（t）"贮存"系指为回取将乏燃料或放射性废物存放于起保护作用的设施；

（u）"超越国界运输"系指乏燃料或放射性废物从启运国至抵达国的任何装运。

第3条　适用范围

1．本公约适用于民用核反应堆运行产生的乏燃料的管理安全，作为后处理活动的一部分在后处理设施中保存的乏燃料不包括在本公约的范围之内，除非缔约方宣布后处理是乏燃料管理的一部分。

2．本公约也适用于民事应用产生的放射性废物的管理安全。但本公约不适用于仅含天然存在的放射性物质和非源于核燃料循环的废物，除非它构成废密封源或被缔约方宣布为适用本公约的放射性废物。

3．本公约不适用于军事或国防计划范围内的乏燃料或放射性废物的管理安全，除非它被缔约方宣布为适用本公约的乏燃料或放射性废物。但是，如果军事或国防计划产生的乏燃料和放射性废物已永久地转入纯民用计划并在此类计划范围内管理，则本公约适用于此类物质的管理安全。

4．本公约还适用于第4、7、11、14、24和26条中规定的排放。

第2章　乏燃料管理安全

第4条　一般安全要求

每一缔约方应采取适当步骤，以确保在乏燃料管理的所有阶段充分保护个人、社会和环境免受放射危害。这样做时，每一缔约方应采取适当步骤，以便：

（i）确保乏燃料管理期间的临界问题和所产生余热的排除问题得到妥善解决；

（ii）确保与乏燃料管理有关的放射性废物的产生保持在与所采取的循环政策类型相一致的可实际达到的最低水平；

（iii）考虑乏燃料管理的不同步骤之间的相互依赖关系；

（iv）在充分尊重国际认可的准则和标准的本国的立法框架内，通过在国家一级应用监管机构核准的适当保护方法，对个人、社会和环境提供有效保护；

（v）考虑可能与乏燃料管理有关的生物学、化学和其他危害；

（vi）努力避免那些对后代产生的能合理预计到的影响大于对当代人允许的影响的行动；

（vii）避免使后代承受过度的负担。

第5条　已存在的设施

每一缔约方应采取适当步骤，以审查在本公约对该缔约方生效时已存在的任何乏燃料管理设施的安全性，并确保必要时进行一切合理可行的改进以提高此类设施的安全性。

第 6 条 拟议中设施的选址

1．每一缔约方应采取适当步骤，以确保制定和执行针对拟议中乏燃料管理设施的程序，以便：

（i）评价在此类设施运行寿期内可能影响其安全的与场址有关的一切有关因素；

（ii）评价此类设施对个人、社会和环境的安全可能造成的影响；

（iii）向公众成员提供此类设施的安全方面的信息；

（iv）在邻近此类设施的缔约方可能受到此类设施影响的情况下与其磋商，并在其要求时向其提供与此类设施有关的总体情况数据，使其能够评价此类设施对其领土的安全可能造成的影响。

2．这样做时，每一缔约方应依照第 4 条的一般安全要求采取适当步骤，以确保此类设施不因其场址的选择而对其他缔约方产生不可接受的影响。

第 7 条 设施的设计和建造

每一缔约方应采取适当步骤，以确保：

（i）乏燃料管理设施的设计和建造能提供合适的措施，限制对个人、社会和环境的可能放射影响，包括排放或非受控释放造成的放射影响；

（ii）在设计阶段就考虑乏燃料管理设施退役的概念性计划并在必要时考虑有关的技术准备措施；

（iii）设计和建造乏燃料管理设施时采用的工艺技术得到经验、试验或分析的支持。

第 8 条 设施的安全评价

每一缔约方应采取适当步骤，以确保：

（i）在乏燃料管理设施建造前进行系统的安全评价及环境评价，此类评价应与该设施可能有的危害相称，并涵盖其运行寿期；

（ii）在乏燃料管理设施运行前，当认为有必要补充第（i）款提到的评价时，编写此类安全评价和环境评价的更新和详细版本。

第 9 条 设施的运行

每一缔约方应采取适当步骤，以确保：

（i）运行乏燃料管理设施的许可基于第 8 条中规定的相应的评价，并以完成证明已建成的设施符合设计要求和安全要求的调试计划为条件；

（ii）对于由试验、运行经验和第 8 条中规定的评价导出的运行限值和条件作出规定，并在必要时加以修订；

（iii）按照已制定的程序进行乏燃料管理设施的运行、维护、监测、检查和试验；

（iv）在乏燃料管理设施的整个运行寿期内，可获得一切安全有关领域内的工程和技术支援；

（v）许可证持有者及时向监管机构报告安全重要事件；

（vi）制定收集和分析有关运行经验的计划并在情况合适时根据所得结果采取行动；

（vii）利用乏燃料管理设施运行寿期内获得的信息编制和必要时更新此类设施的退役计划，并送监管机构审查。

第 10 条　乏燃料的处置

如果缔约方根据本国的立法和监管框架指定了供处置的乏燃料，则此类乏燃料的处置应按照第 3 章中与放射性废物处置有关的义务进行。

第 3 章　放射性废物管理安全

第 11 条　一般安全要求

每一缔约方应采取适当步骤，以确保在放射性废物管理的所有阶段充分保护个人、社会和环境免受放射危害和其他危害。这样做时，每一缔约方应采取适当步骤，以便：

（i）确保放射性废物管理期间的临界问题和所产生余热的排除问题得到妥善解决；

（ii）确保放射性废物的产生保持在可实际达到的最低水平；

（iii）考虑放射性废物管理的不同步骤之间的相互依赖关系；

（iv）在充分尊重国际认可的准则和标准的本国的立法框架内，通过在国家一级实施监管机构核准的那些合适的保护方法，对个人、社会和环境提供有效保护；

（v）考虑可能与放射性废物管理有关的生物学、化学和其他危害；

（vi）努力避免那些对后代产生的能合理预计到的影响大于对当代人允许的影响的行动；

（vii）避免让后代承受过度的负担。

第 12 条　已存在的设施和以往的实践

每一缔约方应及时采取适当步骤，以审查：

（i）在本公约对该缔约方生效时已存在的任何放射性废物管理设施的安全性，并确保必要时进行一切合理可行的改进以提高此类设施的安全性；

（ii）以往实践的结果，以便确定是否由于辐射防护原因而需要任何干预，同时铭记由剂量减少带来的伤害减少应当足以证明这种干预带来的不良影响和费用（包括社会费用）是正当的。

第 13 条　拟议中设施的选址

1. 每一缔约方应采取适当步骤，以确保制定和执行针对拟议中放射性废物管理设施的程序，以便：

（i）评价在此类设施运行寿期内可能影响其安全以及在其关闭后可能影响处置设施安全的与场址有关的一切有关因素；

（ii）评价此类设施对个人、社会和环境的安全可能造成的影响，同时考虑在其关闭后处置设施场址条件可能的演变；

（iii）向公众成员提供此类设施的安全方面的信息；

（iv）在邻近此类设施的缔约方可能受到设施影响的情况下与其磋商，并在其要求时向其提供与设施有关的总体情况数据，使其能够评价此类设施对其领土的安全可能造成的影响。

2. 这样做时，每一缔约方应依照第 11 条的一般安全要求采取适当措施，以确保此类设施不因其场址的选择而对其他缔约方产生不可接受的影响。

第 14 条　设施的设计和建造

每一缔约方应采取适当步骤，以确保：

（i）放射性废物管理设施的设计和建造能提供合适的措施，限制对个人、社会和环境的可能放射影响，包括排放或非受控释放造成的放射影响；

（ii）在设计阶段就考虑除处置设施外的放射性废物管理设施退役的概念性计划并在必要时考虑有关的技术准备措施；

（iii）在设计阶段就编制出处置设施关闭的技术准备措施；

（iv）设计和建造放射性废物管理设施时采用的工艺技术得到经验、试验或分析的支持。

第 15 条　设施的安全评价

每一缔约方应采取适当步骤，以确保：

（i）在放射性废物管理设施建造前进行系统的安全评价及环境评价，此类评价应与该设施可能有的危害相称，并涵盖其运行寿期；

（ii）此外，在处置设施建造前，针对关闭后阶段进行系统的安全评价及环境评价，并对照监管机构制定的准则评价其结果；

（iii）在放射性废物管理设施运行前，当认为有必要补充第（i）款提到的评价时，编写此类安全评价的和环境评价的更新和详细版本。

第 16 条　设施的运行

每一缔约方应采取适当步骤，以确保：

（i）运行放射性废物管理设施的许可基于第 15 条中规定的相应的评价，并以完成证明已建成的设施符合设计要求和安全要求的调试计划为条件；

（ii）对于由试验、运行经验和第 15 条中规定的评价导出的运行限值和条件作出规定并在必要时加以修订；

（iii）按照已制定的程序进行放射性废物管理设施的运行、维护、监测、检查和试验。就处置设施而言，由此获得的结果应被用于核实和审查所作假定的确实性并用于更新第 15 条中规定的针对关闭后阶段的评价结果；

（iv）在放射性废物管理设施的整个运行寿期内，可获得一切安全有关领域内的工程和技术支援；

（v）用于放射性废物特性鉴定和分类的程序得到执行；

（vi）许可证持有者及时向监管机构报告安全重要事件；

（vii）制定收集和分析有关运行经验的计划并在情况合适时根据所得结果采取行动；

（viii）利用除处置设施外的放射性废物管理设施运行寿期内获得的信息编制和必要时更新此类管理设施的退役计划，并送监管机构审查。

（ix）利用处置设施运行寿期内获得的信息编制和必要时更新此类设施的关闭计划，并送监管机构审查。

第 17 条　关闭后的制度化措施

每一缔约方应采取适当步骤，以确保处置设施关闭后：

（i）监管机构所要求的关于此类设施的所在地、设计和存量的记录得到保存；

（ii）需要时采取主动的或被动的制度化的控制措施，例如，监测或限制接近；

（iii）在任何主动的制度化控制期间，如果探测到放射性物质无计划地释入环境，必要时要采取干预措施。

第4章　一般安全规定

第18条　履约措施

每一缔约方应在本国的法律框架内采取为履行本公约规定义务所必需的立法、监管和行政管理措施及其他步骤。

第19条　立法和监管框架

1．每一缔约方应建立并维持一套管辖乏燃料和放射性废物管理安全的立法和监管框架。

2．这套立法和监管框架应包括：

（i）制定可适用的本国安全要求和辐射安全条例；

（ii）乏燃料和放射性废物管理活动的许可证审批制度；

（iii）禁止无许可证运行乏燃料或放射性废物管理设施的制度；

（iv）合适的制度化的控制、监管检查及形成文件和提交报告的制度；

（v）强制执行可适用的条例和许可证条款；

（vi）明确划分参与乏燃料和放射性废物不同阶段管理的各机构的责任。

3．缔约方在考虑是否把放射性物质作为放射性废物监管时应充分考虑本公约的目标。

第20条　监管机构

1．每一缔约方应建立或指定一个监管机构，委托其执行第19条提到的立法和监管框架，并授予履行其规定责任所需的足够的权力、职能和财力与人力。

2．每一缔约方应依照其立法和监管框架采取适当步骤，以确保在几个组织同时参与乏燃料或放射性废物管理和控制的情况下监管职能有效独立于其他职能。

第21条　许可证持有者的责任

1．每一缔约方应确保乏燃料或放射性废物管理安全的首要责任由有关许可证的持有者承担，并应采取适当步骤确保此种许可证的每一持有者履行其责任。

2．如果无此种许可证持有者或其他责任方，此种责任由对乏燃料或对放射性废物有管辖权的缔约方承担。

第22条　人力与财力

每一缔约方应采取适当步骤，以确保：

（i）配备有在乏燃料和放射性废物管理设施运行寿期内从事安全相关活动所需的合格

人员；

（ii）有足够的财力可用于支持乏燃料和放射性废物管理设施在运行寿期内和退役期间的安全；

（iii）作出财政规定，使得相应的制度化的控制措施和监督工作在处置设施关闭后认为必要的时期内能够继续进行。

第 23 条　质量保证

每一缔约方应采取必要步骤，以确保制定和执行相应的关于乏燃料和放射性废物管理安全的质量保证大纲。

第 24 条　运行辐射防护

1. 每一缔约方应采取适当步骤，以确保在乏燃料或放射性废物管理设施的运行寿期内：

（i）由此类设施引起的对工作人员和公众的辐射照射在考虑到经济和社会因素的条件下保持在可合理达到的尽量低的水平；

（ii）任何个人在正常情况下受到的辐射剂量不超过充分考虑到国际认可的辐射防护标准后制定的本国剂量限制规定；

（iii）采取措施防止放射性物质无计划和非受控地释入环境。

2. 每一缔约方应采取适当步骤，以确保排放受到限制，以便：

（i）在考虑到经济和社会因素的条件下使辐射照射保持在可合理达到的尽量低的水平；

（ii）使任何个人在正常情况下受到的辐射剂量不超过充分考虑到国际认可的辐射防护标准后制定的本国剂量限制规定。

3. 每一缔约方应采取适当步骤，以确保在受监管核设施的运行寿期内，一旦发生放射性物质无计划或非受控地释入环境的情况，即采取合适的纠正措施控制此种释放和减轻其影响。

第 25 条　应急准备

1. 每一缔约方应确保在乏燃料或放射性废物管理设施运行前和运行期间有适当的场内和必要时的场外应急计划。此类应急计划应当以适当的频度进行演习。

2. 在缔约方的领土可能受到附近的乏燃料或放射性废物管理设施一旦发生的辐射紧急情况的影响的情况下，该缔约方应采取适当步骤，编制和演习适用于其领土内的应急计划。

第 26 条 退役

每一缔约方应采取适当步骤，以确保核设施退役的安全。此类步骤应确保：

（i）配备有合格的人员和足够的财力；

（ii）实施第 24 条中关于运行辐射防护、排放及无计划和非受控释放的规定；

（iii）实施第 25 条中关于应急准备的规定；

（iv）关于退役重要资料的记录得到保存。

第 5 章 其他规定

第 27 条 超越国界运输

1. 参与超越国界运输的每一缔约方应采取适当步骤，以确保以符合本公约和有约束力的相关国际文书规定的方式进行此类运输。这样做时：

（i）作为启运国的缔约方应采取适当步骤，以确保超越国界运输系经批准并仅在事先通知抵达国和得到其同意的情况下进行；

（ii）途经过境国的超越国界运输应受与所用具体运输方式有关的国际义务的制约；

（iii）作为抵达国的缔约方，仅当其具有以符合本公约的方式管理乏燃料或放射性废物所需的监管体制及行政管理和技术能力时，才能同意超越国界运输；

（iv）作为启运国的缔约方，仅当其根据抵达国的同意能够确信第（iii）分款的要求在超越国界运输前得到满足时，才能批准超越国界运输；

（v）作为启运国的缔约方应采取适当步骤，以便在超越国界运输没有或不能遵照本条的规定完成且不能作出另外的安全安排时允许返回其领土。

2. 缔约方不允许将其乏燃料或放射性废物运至南纬 60°以南的任一目的地进行贮存或处置。

3. 本公约中的任何规定不损害或影响：

（i）利用一切国家的船舶和航空器行使国际法中规定的海洋、河流和空中的航行权及自由权；

（ii）有放射性废物运来处理的缔约方将处理后的放射性废物和其他产物返回或规定将其返回启运国的权利；

（iii）缔约方将其乏燃料运至国外进行后处理的权利；

（iv）有乏燃料运来后处理的缔约方将后处理作业产生的放射性废物和其他产物返回或

规定将其返回启运国的权利。

第 28 条　废密封源

1. 每一缔约方应在本国的法律框架内采取适当步骤，以确保废密封源的拥有、再制造或处置以安全的方式进行。

2. 缔约方应允许废密封源返回其领土，条件是该缔约方已在本国的法律框架内同意将废密封源返回有资格接收和拥有废密封源的制造者。

第 6 章　缔约方会议

第 29 条　筹备会议

1. 应不迟于本公约生效之日后 6 个月举行缔约方筹备会议。

2. 在筹备会议上，缔约方应：

（i）确定第 30 条提到的第一次审议会议的日期。这一审议会议应尽早举行，最晚不迟于本公约生效之日后 30 个月；

（ii）起草并经协商一致通过《议事规则》和《财务规则》；

（iii）按照《议事规则》具体地规定：

（a）根据第 32 条将提交的本国报告的格式和结构的细则；

（b）提交此类报告的日期；

（c）审议此类报告的程序。

3. 任何已批准、接受、核准、加入或确认本公约但本公约尚未对其生效的国家或一体化或其他性质的区域性组织，可如同本公约缔约方一样出席筹备会议。

第 30 条　审议会议

1. 缔约方应举行会议审议根据第 32 条提交的报告。

2. 在每次审议会议上，缔约方：

（i）应确定下次审议会议的日期，两次审议会议的间隔不得超过 3 年；

（ii）可审议根据第 29 条第 2 款所做的安排，并且除非《议事规则》中另有规定可经协商一致通过修订。缔约方也可经协商一致修正《议事规则》和《财务规则》。

3. 在每次审议会议上，每一缔约方应有适当的机会讨论其他缔约方提交的报告和要求解释这些报告。

第 31 条　特别会议

满足下列情况下之一，应召开缔约方特别会议：

（i）经出席会议和参加表决的缔约方过半数同意；

（ii）一缔约方提出书面请求，且第 37 条提到的秘书处将这一请求分送各缔约方并已收到过半数缔约方表示赞成这一请求的通知后 6 个月之内。

第 32 条　提交报告

1．按照第 30 条的规定，每一缔约方应向每次缔约方审议会议提交一份国家报告。该报告应叙述履行本公约的每项义务所采取的措施。就每一缔约方而言，该报告还应叙述其：

（i）乏燃料管理政策；

（ii）乏燃料管理实践；

（iii）放射性废物管理政策；

（iv）放射性废物管理实践；

（v）放射性废物的定义和分类所用的准则。

2．这种报告还应包括：

（i）受本公约制约的乏燃料管理设施、设施所在地、主要用途和基本特点的清单；

（ii）受本公约制约且目前贮存的和已处置的乏燃料的存量清单。此种清单应载有这种物质的说明，如有条件，还应提供有关其质量和总放射性活度的资料；

（iii）受本公约制约的放射性废物管理设施、设施所在地、主要用途和基本特点的清单；

（iv）受本公约制约的下述放射性废物的存量清单：

（a）目前贮存在放射性废物管理与核燃料循环设施中的；

（b）已经处置的；

（c）由以往的实践所产生的。

此种存量清单应载有这种物质的说明以及现有的其他相应资料，例如，体积或质量、放射性活度和具体的放射性核素等；

（v）处于退役过程中的核设施的清单和这些设施中退役活动的现状。

第 33 条　出席会议

1．每一缔约方应出席缔约方会议，并由一名代表及由该缔约方认为有必要随带的副代表、专家和顾问出席此类会议。

2. 缔约方经协商一致可邀请在本公约所管辖事务方面有能力的任何政府间组织以观察员身份出席任何会议或任何会议的特定会议。观察员应事先以书面方式表示接受第 36 条的规定。

第 34 条 简要报告

缔约方应经协商一致通过并向公众提供一个文件，介绍缔约方会议期间所讨论的问题和得出的结论。

第 35 条 语言

1. 缔约方会议的语言为阿拉伯文、中文、英文、法文、俄文和西班牙文，《议事规则》中另有规定者除外。

2. 缔约方根据第 32 条提交的报告，应以提交报告的缔约方的本国语言或以将在《议事规则》中商定的一种指定语言书写。如果提交的报告系以指定语言之外的本国语言书写，则该缔约方应提供该报告的指定语言的译本。

3. 虽有第 2 款中的规定，如果提供报酬，秘书处将负责把以会议的任何其他语言提交的报告译成指定语言的译本。

第 36 条 保密

1. 本公约的规定不影响缔约方根据本国的法律防止资料泄露的权利和义务。就本条而言，"资料"包括与国家安全或与核材料实物保护有关的资料、受知识产权保护或受工业或商业保密规定保护的资料等，以及人事资料。

2. 就本公约而言，当缔约方提供它确定为第 1 款提到的那种应受保护的资料时，此种资料只能用于为之提供的目的，其机密性应受到尊重。

3. 关于与根据第 3 条第 3 款落入本公约范围的乏燃料或放射性废物有关的资料，本公约的规定不影响有关缔约方决定下列事项的专有酌处权：

（i）此类资料是保密的还是为防止泄露需另行控制的；

（ii）是否在本公约范围内提供上述第（i）分款提到的资料；

（iii）如果在本公约范围内提供此类资料，要附加哪些保密条件？

4. 在根据第 30 条举行的每次审议会议上审议各国报告时的辩论内容应予保密。

第 37 条 秘书处

1. 国际原子能机构（以下简称"机构"）应为缔约方会议提供秘书处。

2. 秘书处应：

（i）召集和筹备第 29、30 和 31 条提到的缔约方会议，并为会议提供服务；

（ii）向各缔约方转送按照本公约的规定收到或准备的资料。

机构在履行上述第（i）和（ii）分款提到的职能时发生的费用由机构承担，并作为其经常预算的一部分。

3．缔约方经协商一致可请机构提供支持缔约方会议的其他服务。如能在机构计划和经常预算内进行，机构可提供此类服务。如果此事为不可能，只要有其他来源提供的自愿资金，机构也可提供此类服务。

第 7 章　最后条款和其他规定

第 38 条　分歧的解决

当两个或多个缔约方之间对本公约的解释或适用发生分歧时，这些缔约方应在缔约方会议的范围内磋商解决此种分歧。如果磋商无效，可诉诸国际法中规定的和解、调停和仲裁机制，包括原子能机构现行规定和实践。

第 39 条　签署、批准、接受、核准和加入

1．本公约自 1997 年 9 月 29 日起在维也纳机构总部开放供所有国家签署，直至其生效之日为止。

2．本公约需经签署国批准、接受或核准。

3．本公约生效后开放供所有国家加入。

4．（i）本公约开放供一体化或其他性质的区域性组织签署（需经确认）或加入，条件是任何此类组织系由主权国家组成并具有就本公约所涉事项谈判、缔结和适用国际协定的权限。

（ii）对其权限范围内的事项，此类组织应能自行行使和履行本公约赋予缔约方的权利和义务。

（iii）此类组织成为本公约的缔约方时，应向第 43 条提到的保存人提交一份声明，说明哪些国家是其成员国，本公约的哪些条款对其适用及其在这些条款所涉方面具有的权限。

（iv）此类组织除其成员国享有表决权外不再另有任何表决权。

5．批准书、接受书、核准书、加入书或确认书应交存保存人。

第 40 条　生效

1. 本公约在向保存人交存第 25 份批准书、接受书或核准书之日后第 90 天生效，其中应包括 15 个每个有一座运行的核动力厂的国家的此类文书。

2. 对于满足第 1 款中规定的条件需要的最后一份文书交存之日后批准、接受、核准、加入或确认本公约的每一国家或每个一体化或其他性质的区域性组织，本公约在该国家或组织向保存人交存相应文书之日后第 90 天生效。

第 41 条　公约的修正

1. 任一缔约方可对本公约提出修正案。提出的修正案应在审议会议或特别会议上审议。

2. 提出的任何修正条文及修正理由应提交保存人，保存人应在该提案被提交审议的会议召开前至少 90 天将该提案分送各缔约方。保存人应将收到的有关该提案的任何意见通报各缔约方。

3. 缔约方应在审议所提出的修正案后决定是以协商一致方式通过此修正案，还是在不能协商一致时将其提交外交会议。将所提出的修正案提交外交会议的决定需由出席会议并参加表决的缔约方 2/3 多数票作出，条件是表决时至少一半缔约方在场。

4. 审议和通过对本公约的修正案的外交会议由保存人召集并在不迟于按照本条第 3 款作出适当决定后 1 年召开。外交会议应尽一切努力确保以协商一致方式通过修正案。如果此事为不可能，应以所有缔约方的 2/3 多数票通过修正案。

5. 根据上述第 3 和 4 款通过的对本公约的修正案，须经缔约方批准、接受、核准或确认，并在保存人收到至少 2/3 缔约方的有关文书后第 90 天，对已批准、接受、核准或确认这些修正案的缔约方生效。对于在其后批准、接受、核准或确认所述修正案的缔约方，此种修正案将在该缔约方交存有关文书后第 90 天生效。

第 42 条　退约

1. 任何缔约方可书面通知保存人退出本公约。

2. 退约于保存人收到此通知书之日后 1 年或通知书中可能指明的更晚的日期生效。

第 43 条　保存人

1. 机构总干事为本公约保存人。

2. 保存人应向缔约方通报：

（i）按照第 39 条签署本公约和交存批准书、接受书、核准书、加入书或确认书的情况；

（ii）本公约按照第 40 条生效的日期；

（iii）按照第 42 条提出的退出本公约的通知和通知的日期；

（iv）按照第 41 条缔约方提交的对本公约的建议的修正案、有关外交会议或缔约方会议通过的修正案以及所述修正案的生效日期。

第 44 条　作准文本

本公约的原本交保存人保存，其阿拉伯文、中文、英文、法文、俄文和西班牙文文本具有同等效力；保存人应将本公约经核证的副本分送各缔约方。

经正式授权的下列签字人已签署本公约，以昭信守。

1997 年 9 月 5 日于维也纳签署。